新型职业农民科技培训教材

果树栽培技术

主　编　高　瑛　刘建军

参编人员　陈克玲　卿尚模　仲明华

毛爱平　欧阳建　田再泽

邓家林　李洪雯　蒋启林

刘　万　关　兵　何　建

U0351909

电子科技大学出版社

图书在版编目（CIP）数据

果树栽培技术 / 《新型职业农民科技培训教材》编委会编. 一成都：电子科技大学出版社，2012.10

新型职业农民科技培训教材

ISBN 978-7-5647-1285-3

Ⅰ. ①果… Ⅱ. ①新… Ⅲ. ①果树园艺－技术培训－教材 Ⅳ. ①S66

中国版本图书馆 CIP 数据核字(2012)第 235263 号

新型职业农民科技培训教材
果树栽培技术

《新型职业农民科技培训教材》编委会　编

出　版：	电子科技大学出版社（成都市一环路东一段 159 号电子信息产业大厦　邮编：610051）
策划编辑：	辜守义
责任编辑：	辜守义
主　页：	www.uestcp.com.cn
电子邮箱：	uestcp@uestcp.com.cn
发　行：	新华书店经销
印　刷：	郫县犀浦印刷厂
成品尺寸：	130mm×195mm　印张 6.75　字数 140 千字
版　次：	2012 年 10 月第一版
印　次：	2012 年 10 月第一次印刷
书　号：	ISBN 978-7-5647-1285-3
定　价：	12.50 元

新型职业农民科技培训教材

编 委 会

主　　任：牟锦毅

副 主 任：潘海平

执行主任：张　熙　　曾学文

执行编委：邓爱群　　李德成　　丁　燕

　　　　　卢晓京　　张晓江　　陈代富

　　　　　左亚红　　胡　恒　　张中华

　　　　　付在麒　　戴杰帆　　殷　姿

编者的话

为贯彻落实中央 1 号文件和全国农业科技教育工作会议精神，加快培育新型职业农民，推进现代农业发展，保障国家粮食安全和主要农产品有效供给，"以传播农业知识，提高农民素质，促进农业生产，增加农民收入"为宗旨，我们组织有关职业技术院校的涉农专业教师和长期从事农业技术推广工作的资深专家，编写了这套具有较强针对性和实用性，又便于农民朋友学习、提高的培训教材，供各地开展新型职业农民培训时选用。

该套教材采用了国家最新标准、法定计量单位和最新名词、术语，并注重行业针对性和实用性，力求做到内容浅显易懂、图文并茂，让农民朋友易于学习、掌握。该套教材共涵盖种植、养殖、加工、农产品安全等四个大类，共 20 多种，是目前国内同类教材中最新的一套培训系列教材。

由于编写时间较为仓促，教材中难免存在不足和错误，诚望各位专家和广大读者批评指正。

《新型职业农民科技培训教材》编委会
2012 年 7 月

目　录

第一章
柑　橘

四川是柑橘大省。柑橘主要分布在四川盆地丘陵地区及长江沿岸，攀西金沙江、雅砻江、安宁河谷地区。四川柑橘产区冬季无冻害，全年无台风、无严重检疫性和危险性病虫害，是全国柑橘优势产区之一。柑橘产业正在成为产区农民增收、区域经济发展和新农村建设的支柱产业。

第一节　主要栽培品种

一、甜橙类

甜橙类的主要栽培品种有：锦橙、脐橙、血橙、夏橙等。

（一）锦橙

锦橙原名鹅蛋柑、S26号，树势强健，树冠圆头形，树姿较开张。果实长椭圆形，平均单果重160～180克，大果可超过200克，果形指数0.95以上；果面橙红色或深橙色，鲜艳，有光泽，较光滑；果皮中等厚，果心小、充实或半充实，肉质细嫩化渣，汁多味浓，酸甜适口，微具香气。可溶性固形物 10%～13%，每 100 毫升果汁含糖 8.8～9.8 克，总酸 0.88～0.94 克，维生素C 53～55 毫克，糖酸比值 8 以上，可食率 70%～80%，平均单果种子数 6.5 粒，品质上等，12 月上中旬成熟。丰产稳产性强，一般 6～8 年生树株产 30～40 千克，盛产期亩产 2000～3000 千克。耐贮性强，一般可贮至次年 4～5 月，品质风味仍佳。

用锦橙加工果汁，出汁率 45%以上，汁色深，含糖量较高，味纯，香气浓，无苦麻味。是四川省橙汁加工的主要原料之一。

锦橙适应性强，年均温 16℃以上、≥10℃的有效积温在 5000℃以上的地区均可种植。但以年均温在 18℃以上，≥10℃有效积温为 5700℃的地区表现更好。沙壤土或较黏重的土壤均可种植，而以土层深厚肥沃、排水良好的紫色土最适栽培。主要砧木为枳或红橘。

近年来经过品种提纯选优，从锦橙中又选出许多二代优系，其品质更优于普通锦橙，果实无核或少核，已在生产上大量推广。

1. 蓬安 100 号

蓬安 100 号，1972 年选出。平均单果重 200～240克，果形指数 1.1～1.4，果面橙红，皮厚 0.4 厘米，平均单果种子数 2 粒，可食率 72%～74%，果汁率 47.1%，可溶性固形物 11%～13%。每 100 毫升果汁含糖 8～9 克、总酸 0.64～1.09 克、维生素C 56.08 毫克。

8～10年生树株产40～75千克。常用红橘为砧。

推广类型为硬枝型（有硬枝和软枝两类，估计是扇形嵌合体）。在气温偏低的川西北甜橙产区亦表现良好。

2. 梨形橙2号

1973年选出，平均单果重258克，梨形或长倒卵形，果形指数1.09，可溶性固形物11%左右，果汁率45.93%，可食率67.05%，肉质脆嫩化渣、香甜可口，种子少或无，平均2.5粒，品质优，多单胚，部分多胚。四川内江、威远等地发展较多。

3. 铜水72-1

1972年选出，单果重150～175克、皮光滑、橙红，厚0.32厘米。可食率79.2%，果汁率57.1%，可溶性固形物12%。每100毫升果汁含糖10克、总酸1.01克、维生素C 51.6毫克。单果种子数一般在3粒以下。常用枳和红橘为砧，以枳为好。一般成年树亩产2000～3000千克。

此外，锦橙二代选系还有北碚447、开陈72-1、岳池78-1、巴中38号、资阳60-7、宜园3号、宜园73-6、宜园72-1、眉山少核锦橙、中育7号少核锦橙等十余个。

（二）脐橙

四川最早栽培的脐橙是20世纪30年代从美国和日本引进的华盛顿和罗伯逊脐橙。20世纪70年代末和20世纪80年代初，先后从美国、日本、西班牙等引进新一代脐橙良种，如：纽荷尔、朋娜、奈维林娜、丰脐、白柳、清家、大三岛等，自20世纪80年代中期至今，全省脐橙得到迅猛发展，成为面积产量增长最快的主栽品种。

脐橙在日照充足、生长季节长、昼夜温差大、花期空气湿度较低的地区更丰产稳产，含糖量高，酸低。在年均温 16℃～18℃热量梯度范围内，随热量的下降，日照偏少的地区成熟期则迟，含酸量增高。

近年主要推广品种有纽荷尔、丰脐、奈维林娜、白柳等。四川脐橙主要以枳或红橘为砧木，栽植土壤 pH 值为微酸性或中性。

1. 纽荷尔脐橙

纽荷尔原产美国，华盛顿脐橙枝变，1978 年从美国引进。目前在四川省部分地区栽培。树势强或中等，树冠圆头形，枝条短密。果实椭圆形，中等大，平均单果重 180～300 克；果皮深橙色或橙红色，较光滑，脐小，多闭脐；果肉紧密、脆嫩、化渣、多汁，风味浓郁，高糖低酸，香甜爽口；可溶性固形物 11%～12.5%，每 100 毫升果汁含总糖 7.94～9.86 克、总酸 0.53～1.04 克、维生素C 48.57～62.14 毫克，品质上等，果实 11 月中下旬成熟。耐贮运。

纽荷尔果实着色深，果中等大小，外形美观，风味浓甜，早熟优质，是四川首推的优质脐橙之一。但该品种在四川的适应性不及罗脐系品种，表现为丰产性不稳定，果实大小不够整齐，应加强栽培技术管理。

2. 奈维林娜脐橙

奈维林娜原产美国，华盛顿脐橙枝变，1979 年引入我国。树势弱、矮小紧凑。果实倒卵形或椭圆形，中等大小，平均单果重 170 ~ 300 克；果皮深橙色或橙红色，较光滑，脐小，多闭脐；果肉紧密、脆嫩、化渣、多汁，风味浓，糖高酸低，香甜爽口；可溶性固形物 11.2% ~ 12.7%，每 100 毫升果汁含总糖 9.96 ~ 10.60 克、酸 0.52 ~ 1.11 克、维生素C 46.45 ~ 62.68 毫克，品质上等。11 月中下旬成熟，丰产性较强，耐贮运性好。

奈维林娜品质与纽荷尔近似，果实着色好，风味浓郁，酸甜偏甜，早熟优质，是四川推广的优良脐橙之一。该品种丰产性尚可，但果实偏小，果个不够整齐，需加强栽培技术管理。

3. 丰脐

丰脐原产美国，华盛顿脐橙枝变，1977 年引入我国，目前在四川栽培较广。树势中等，树冠圆头形，较紧凑。果实圆球形或短倒卵形，中等大小，平均单果重 180 ~ 300 克；果皮橙色，较光滑，脐小，多为闭脐；果肉脆嫩，多汁化渣，酸甜适中，风味较浓；可溶性固形物 10% ~ 11.8%，每 100 毫升果汁含总糖 7.44 ~ 9.13 克、总酸 0.79 ~ 0.90 克、维生素C 50.41 ~ 62.90 毫克。果实 11 月中下旬成熟，耐贮性好。

丰脐适应性较强，品质较优良，丰产稳产，近年四川发展较多。

4. 清家脐橙

清家原产日本爱媛县，华盛顿脐橙早熟芽变，1978 年引入我国。树势中等，树冠圆头形。果较大，单果重 234 ~ 309 克，圆球形或椭圆形；果面光滑。可溶性固形物 11.3%～11.9%，每 100 毫升果汁含总糖 8.60～9.40克、总酸 0.73～0.90 克、维生素 C 82.82 毫克，品质上等。11 月中下旬成熟，尚丰产，较耐贮。

5. 白柳脐橙

白柳原产日本静冈县，华盛顿脐橙芽变，1978 年引入我国。树势强，枝粗叶茂。果实圆球形，较大，单果重 250～280 克，果面深橙色，中等粗细，肉质脆嫩化渣。品质上等。11 月下旬成熟，丰产。可溶性固形物 12.0%，每 100 毫升果汁含总糖 9.61 克、总酸 1.00 克、维生素 C 49，32 毫克。

6. 大三岛脐橙

大三岛原产日本爱媛县，华盛顿脐橙早熟芽变，1978 年引入我国。树势中等，平均单果重 254 克、短椭圆或圆球形，皮薄，光滑，肉质脆嫩、多汁、化渣，糖酸含量高，风味浓，可溶性固形物 11%，每 100 毫升果汁含总糖 8.96 克、总酸 1.03 克、维生素 C 45.33 毫克，品质上等。11 月中、下旬成熟，较丰产，较耐贮藏。

7. 21 世纪脐橙

21 世纪为四川省农业科学院园艺研究所和四川省农业厅经济作物处选育的脐橙新品种。其最大特点是优质、高糖低酸，肉质爽脆，果大，形美；栽培易，抗裂果，闭脐，坐果率高，丰产性极强。适应偏低温生态的范围更广，在光、温均稍差的生态条件下亦可获得丰产和高固形物含量（可达 13% 以上）。具备极大的推广价值，可作为脐橙的主要换代品种。

树势中等，树冠圆头形。果大，椭圆形，果形指数

1.0,平均单果重287克,果皮细滑易剥、橙色,主要为闭脐。皮厚0.3~0.4厘米,平均囊瓣11.3瓣,果汁含量47.91%,可食率70.07%,无核。可溶性固形物含量11.6%~13.8%,每100毫升果汁含总糖10.60g,总酸0.88克、维生素C 42.50毫克。果肉橙色,脆嫩化渣,多汁,风味甜浓,品质上等。投产早(2年试花)、产量高,高接树(树高1.5米、冠径1.4米)次年株产平均7.5千克、第3、4年分别为24千克和28.1千克。果实11月中下旬成熟,耐贮运。2001年该品种被评为四川省优质水果。2002年3月通过四川省品种审定。

8.新世纪脐橙

新世纪为四川省农业科学院园艺研究所和四川省农业厅经济作物处从白柳脐橙芽变中选育的新品种。其特点是丰产性强,产量稳定,高糖低酸,品质优。树势中庸,果实中大,短椭圆形或倒卵形,平均单果重231.3克,果皮细滑,皮厚0.44厘米,橙色,闭脐率高。果汁含量45.04%,可食率75.25%,无核。可溶性固形物11%~13.5%,每100毫升果汁含总糖8.8~9.61克,总酸0.67~0.81克、维生素C 40.44毫克。肉质细脆,汁多,品质上等,11月底至12月初成熟,耐贮运性强。2001年该品种被评为四川省优质水果。2002年3月通过四川省品种审定。

9.卡拉卡拉脐橙

卡拉卡拉为秘鲁选育的一个特异华盛顿脐橙芽变系。以果肉红色而著称,故又称红肉脐橙。树势中等,树型较紧凑,树冠圆头形。果实中等大小,单果重180

~250 克，短椭圆形或近圆形。果蒂和果顶部稍窄，闭脐。果面较光滑，橙色，果皮厚度 0.44~0.55 厘米，较易剥离。可溶性固形物含量 10.0%~11.6%。每 100 毫升果汁含总糖 7.82~10.0 克，总酸 0.63~0.78 克，维生素 C 41 毫克。果汁含量 55%，可食率 72%。果肉均匀红色，肉质稍粗、脆、多汁，风味酸甜适口，富香气，无核，品质优良。果实 11 月中下旬~12 月上旬成熟，产量中等。耐贮藏。

10. 福本脐橙

福本原产日本和歌山县，为华盛顿脐橙的枝变。以果面色泽浓红而著称，也称福本红脐橙。1981 年引入我国，目前有少量种植。树势中等，树姿较开张，树冠中等大，圆头形。果实中等大小，单果重 200~250 克，短椭圆形或球形。果顶部宽、平或浑圆，多闭脐；果蒂部稍窄，有明显的短放射状沟纹。果面光滑，红橙色，果皮平均厚度 0.55 厘米，较易剥离。可溶性固形物含量 11.2%。每 100 毫升果汁含总糖 8.70~9.15 克，总酸 0.69~0.76 克，维生素 C 44 毫克。果汁率 53%，可食率 68%~71%。肉质脆嫩，多汁，风味酸甜适口，富香气，无核，品质优良。果实 11 月中下旬至 12 月上旬成熟，产量中等。

福本脐橙果面色深而艳丽，其优良的外观和内质深受消费者青睐。目前在香港和日本、美国产的福本脐橙极受欢迎，主要用于装什锦果篮，作礼品销售。在光照充足、昼夜温差大、较干燥的地区种植，性状表现良好，反之则稍差。

11. 朋娜脐橙

朋娜原产美国，为华盛顿脐橙枝变，1978年引入我国。树势较强，树冠中等大小。果实较大，短椭圆形或锥状圆球形，单果重180~356克；果皮橙色，较光滑，皮较薄，开脐或闭脐；肉质脆嫩，较化渣、多汁，风味酸甜略酸；可溶性固形物10.0%~11.4%，每100毫升果汁含总糖7.81~9.89克、总酸0.57~1.04克、维生素C 40.60~60.71毫克。品质中等。11月中下旬采收，较耐贮藏。

朋娜脐橙对四川高温高湿气候较适应，结果早、丰产性强。引进初期在四川发展较多，由于裂果、落果较重，且果皮色泽较浅，风味偏酸偏淡，近年新发展已较少。

（三）血橙

1. 塔罗科血橙

塔罗科从意大利引进。品系较多，四川省宜推广塔罗科血橙优变无性系。经多年试验鉴定，具有丰产、优质、果大、形美、无核或近无核等特点，经济性状远超过目前生产上主栽路比血橙。

树势强健，树冠圆头形。果实倒卵形或短椭圆形，平均单果重197.38克，果面紫红色，底色为橙红色，皮光滑。果汁含量57.7%，可食率74.05%可溶性固形物11.5%~13%，每100毫升果汁含总糖9~11克、总酸0.8~1.0克、维生素C 60~68毫克。果肉充分成熟时为紫红色，脆嫩化渣多汁，香甜爽口，风味浓郁（有玫瑰香味）。品质上等。果实次年1月下旬至2月上旬成熟，耐贮性强。

目前四川柑橘中 90% 为中熟品种，上市过于集中，贮运压力大，腐损率高，经济效益较差。塔罗科血橙优系色美、果大、质优、无核、偏晚熟，春节前后鲜果应市，经济效益好，是四川柑橘品种结构调整中的重要换代新品种之一，发展潜力极大。

2. 路比血橙

路比别名红玉血橙，为最老的血橙品种之一，20 世纪 30 年代从美国引进，四川曾栽培较多。树势中等，树冠圆头形，果实扁圆形或圆球形，中等大小，单果重 140 ~ 150 克左右；果面充分成熟时有深红色或紫红斑纹，甚至全果紫红色，较光滑；果肉橙色带紫红斑纹或全面紫红色，肉质细软、多汁化渣、风味酸甜、有玫瑰香气。可溶性固形物 9.7%，每 100 毫升果汁含总糖 7.69 克、总酸 1.15 克、维生素 C 46.42 毫克，单果种子数一般 10 余粒。品质中等。果实 1 ~ 2 月成熟。本品种在四川表现丰产稳产，但越冬时落果较严重，常需使用保果剂。因果个偏小，核籽较多，风味偏酸，近年已逐渐用新品种更换。

此外，从西班牙引进的脐血橙，从意大利、西班牙引进的摩洛血橙、桑吉耐洛血橙在四川也有少量栽培。

（四）夏橙

1. 伏令夏橙

伏令于 1938 年引入四川。曾在全省广泛引种试栽，目前主要分布在江安、南溪等地。表现树势强，树冠高大，枝梢粗壮具小刺，果实圆球形或短椭圆形，果个中大，单果重 120 ~ 150 克，果皮中厚、橙色、较光滑，果肉酸甜适度，果渣稍多，可溶性固形物 9% ~ 12%，种子较少，平均 3 ~ 7 粒，品质中上。耐贮运。由于果实晚熟，上市期在翌年 5 月，正值春末夏初，其他早中熟柑橘品种贮藏到此期已无食用价值，因此市场俏销。但由于夏橙果实需在树上越冬，因而需要在有效气温高、宜冬季 12 ~ 1 月气温较高的产区栽培，生态条件较差的地区则通常表现出"干"（果汁少）、"酸"（糖分不高）、"落"（冬季落果严重）的现象，这也是夏橙在四川栽培面积逐渐趋小，集中于几个气候与技术优势产区的原因。

2. 江安 35 号夏橙

果大 146 克，可溶性固形物 13%，每 100 毫升果汁含糖 10.9 克、总酸 1.76 克、维生素C 58.9 毫克，种子 5.2 粒。肉质细嫩化渣，品质优于普通伏令夏橙。丰产稳产。成熟期次年 5 月。生产上应注意果实越冬需在有效气温高、尤其冬季 11 月至次年 1 月气温较高的产区栽培。以防止"干"（果汁少）、"酸"（糖分不高）、"落"（冬季落果严重）。

3. 蜜奈夏橙

蜜奈源于南非，系伏令夏橙芽变。主要特性是高果汁率，良好的风味，皮光滑，近于无核，果大。比伏令夏橙早熟 2 ~ 4 周，也可挂树至伏令夏橙采收末期。因果皮太薄而质硬、多油，剥皮稍难。

1980 年前后，四川又先后引进美国奥灵达夏橙、卡特夏橙、康倍尔夏橙、福罗斯特夏橙等珠心系及阿尔及尔夏橙进行试栽和选育。

（五）其他甜橙品种

除锦橙、脐橙、血橙、夏橙在四川栽培面积较大之外，四川柑橘产区还有部分哈姆林甜橙、新会橙、雪柑、柳橙、改良橙、脐血橙栽培，这类品种一般品质较好，但产量和品质及适应性等综合性状在各地表现不一。另外，在一些柑橘老产区还有部分本地甜橙（多由本地实生甜橙而来），这类品种大都种子多，果个偏小，风味偏酸，是目前品种更换的主要对象。

二、宽皮柑橘类

四川宽皮柑橘主要有温州蜜柑、椪柑、红橘和橘橙（橘柚）杂种四大类。过去四川红橘栽培面积和产量均很大（分别占 41% 和 51%），由于风味偏酸，种子多，果个小，易枯水浮皮，近年已逐渐用脐橙、椪柑、橘橙等更换，面积不断缩减。

（一）温州蜜柑类

四川温州蜜柑主要是 20 世纪 60~70 年代从日本引进，引进品系有兴津、宫川、尾张、龟井、立间、松山、米泽、大长、林、南柑 20、南柑 4 号、青江、伴野等。其中尾张温州柑成熟期晚，果个较小，果皮厚，囊衣韧，风味偏酸，20 世纪 80 年代中后期已被兴津、宫川、立间等早熟温州蜜柑替代。20 世纪 80~90 年代初又从日本引进了极早熟温州蜜柑协山、宫本、桥本、山川、市文、大浦等品系。近年又新引进了日南 1 号等温州蜜柑。

四川现存面积和产量最大的温州蜜柑主要是兴津和宫川等，主要性状表现为果实扁圆或高桩扁圆形，单果重140～170克，果皮橙色至深橙色，较光滑，果肉较细嫩化渣、汁多（部分果实囊衣较韧），风味酸甜。可溶性固形物9%～10%，每100毫升果汁含总糖7.02～8.19克、总酸0.47～0.61克、维生素C 30毫克左右。品质较好，丰产性强。此外，省内选育的早津、浦早2号等早熟温州蜜柑品系在部分产区也有一定分布。兴津、宫川等中熟温州蜜柑一般在10月下旬至11月上中旬采收上市，由于市场供大于求，品质高低不一，市场售价较低。近年由于国际市场温州蜜柑罐头和制汁需求量增加，有一定的发展潜力。

20世纪90年代新发展的大浦、山川、市文、协山、宫本、日南1号等极早熟品系，果实9月中下旬至10月中旬成熟，单果重90～150克，可溶性固形物9%～10%，每100毫升果汁含总糖6.27～7.32克、总酸0.7～0.88克、维生素C 28～30毫克。

（二）椪柑

椪柑是近年发展较多的宽皮柑橘，也是柑橘主要栽培良种，在四川各柑橘产区均有分布。集中栽培地主要有屏山、荣县、青神、资中、资阳等地，主栽品种有普通椪柑、新生系椪柑、日本太田椪柑、台湾椪柑等。椪柑在四川普遍表现适应性强，丰产性好，风味品质佳，颇受市场欢迎。

椪柑树势中等，树性直立。果实高桩扁圆形，单果重140～180克；果皮橙色，易剥皮分瓣，果肉脆嫩，化渣多汁，风味浓。可溶性固形物 10% ~ 12%，每 100 毫升果汁含总糖 9.75 克、总酸 0.61 克、维生素 C 25 毫克。单果种子数 4 ~ 10 粒左右，品质上等。普通椪柑果实 12 月上中旬成熟。四川过去栽培较多的为普通椪柑，果个较小，种子偏多。近年新发展的椪柑主要为少核新生系椪柑、日本太田椪柑、中岩早椪柑和台湾椪柑（果大、质优、丰产）。

1. 新生系 3 号椪柑

新生系 3 号从普通椪柑珠心系选育的新生系。树势强健，树姿直立，果较大、少核、丰产优质，是目前椪柑主栽品种之一。果实扁圆形，果形端正，平均单果重 137 克，果皮橙色，皮厚 0.35 厘米，易剥皮分瓣。平均单果种子数 14 粒。果肉脆嫩化渣，含可溶性固形物 11.7%，每 100 毫升果汁含总糖 9.74 克，总酸 0.54 克，维生素 C 24 毫克。可食率 61%，果汁率 43%。酸甜适口，风味浓郁，品质优良。果实 12 月上中旬成熟，丰产性强，较耐贮藏。

2. 太田椪柑

太田原产日本，为椪柑的实生变异，目前为日本椪柑最主要的推广品种之一，20 世纪 80 年代中期引入我国。树姿直立，树势中等。果实扁圆形，果形端正，平均单果重 130 ~ 150 克，两端平。果面橙色，较光滑，果皮厚度 0.35 厘米，易剥离。果实可溶性固形物含量 11% ~ 12%，每 100 毫升果汁含总糖 9.30 克，总酸 0.47 克，维生素 C 25 毫克。果汁率 48%，可食率 63%。单果种子数 3 ~ 6 粒，成片栽植近无核。果肉脆嫩化渣，汁多味甜，品质优良。果实10月下旬开始着色，退酸早，11月中下旬～12月上旬成熟，比普通椪柑提早15～20天上市，丰产性强。

3. 中岩早椪柑

中岩早四川近年选育的椪柑新品种，具有果大、形美、少核、优质、特早熟特点。果实高桩扁圆形，蒂部平，果顶部微凹。平均单果重220.97克。果形端庄。果皮橙色，果面光滑、较细，平均果皮厚度0.43厘米。果肉橙色，汁胞粗短，纺锤形，囊衣薄；囊瓣梳形，单果囊瓣数9～11瓣，中心柱空，分瓣易。平均果实可溶性固形物含量11%。每100毫升果汁平均含总糖8.86克、总酸0.56克、维生素C 31.71毫克。平均固酸比值19.64:1、糖酸比值15.82:1。平均果汁率67.68%、可食率77.18%。果实少核，平均单果种子数4～10粒。果肉脆嫩、化渣、多汁，甜酸适中，风味浓郁，品质优。

（三）橘橙（橘、柚）杂种

橘橙杂种类品种（系）兼具甜橙的营养风味和宽皮柑橘的易剥皮食用特点，果实风味较佳，耐贮运性好，单一种植时少核或无核，市场俏销，具有较大的发展潜力。

1. 不知火

不知火从日本引进。树势较弱至中庸，树姿自然圆头形或开心形。果实有两种主要形态，一是倒卵形或扁圆形，果基稍窄，果顶部大都有脐；二是倒卵圆形，果实有短颈，果顶平，有花柱痕。单果重180～250克。

果皮黄橙色，果面稍粗，果皮厚度 0.2 ~ 0.5 厘米。果实可溶性固形物含量 13% ~ 16% 。每 100 毫升果汁总糖含量 10 ~ 12 克，总酸 0.8 ~ 1.2 克。可食率 70% ~ 75 % 。果实无核。果肉橙色，极脆嫩、化渣、多汁，高糖适酸，风味浓郁。品质极优。该品种 3 月上旬萌芽抽梢，春、夏、秋季均可开花，以 4 月下旬至 5 月上旬开花结果为主，果实翌年 2 月上旬成熟，较耐贮。早结、丰产。

2. 天草

天草从日本引进。树势中庸或较强，丰产性好，硕状结果较多。果实扁圆形，紧实，平均单果重 150 ~ 250 克。果皮橙红色，光滑，较薄，剥皮稍难。果实可溶性固形物含量 11% ~ 14% ，每 100 毫升果汁含总糖 9 ~ 12 克、总酸 1 克以下。可食率 75% ~ 80% 。单果种子数 0 ~ 5 粒（异花授粉时有种子）。果肉深橙色，脆嫩，化渣，多汁，酸甜适中，风味较浓郁，品质上等。果实 12 月中下旬成熟，耐贮运。抗逆性强，适应性广，易栽培。

3. 津之香

津之香从日本引进。树势中庸或较强，树姿自然圆头形或开心形。果实扁圆形，平均单果重 160 ~ 250 克，整齐端正。果皮厚度 0.20 ~ 0.35 厘米，橙黄色，光滑，较薄，剥皮分瓣容易。果实可溶性固形物含量 11% ~ 13% ，每 100 毫升果汁含总糖 8 ~ 10 克、总酸 0.5 ~ 0.9 克。可食率 71% ~ 79% 。果实无核，果肉深橙色，脆嫩、化渣、多汁，酸甜适中，品质好。果实翌年 3 月中下旬成熟。坐果率高，丰产性强。

4. 春见

春见从日本引进。树势中庸或较强，树姿略开张。果实倒阔卵形，单果重 200 克左右，基部有短颈或无颈，顶部广圆，顶端广凹。果皮厚度 0.33 ~ 0.49 厘米，橙黄色，光滑，较薄，剥皮分瓣容易。果实可溶性固形物含量 10.5% ~ 13.3%，总酸 0.4 ~ 0.85 克。可食率 65% ~ 71%。单果种子数 0 ~ 2 粒。果肉橙色，极细嫩化渣、多汁，风味甜浓。品质上等。果实 12 月中下旬成熟。着果率高，丰产性强，需适当疏果，以保持树势强健。

5. 诺娃橘柚

诺娃橘柚为美国育成的杂交品种。高糖低酸，丰产、稳产，适应性强。树势中等，树姿开张，较直立。果实扁圆形，中等大，平均单果重 120 ~ 166 克。果皮深橙色或橙红色，光亮细滑，平均果皮厚 0.31 厘米。果实可溶性固形物含量 11.5% ~ 13.2%，总酸 0.49 ~ 0.94 克。可食率 72.92%。果肉深橙色，细嫩化渣多汁，风味甜，品质上等。果实 11 月转红，12 月上中旬成熟，丰产性好，较耐贮运。自花不孕，单独栽植时少核或无核，混栽时种子增多。

6. 大果橘橙 953

橘与橙的杂交品种。有寿柑、大果诺娃等别称。

树势中庸，树冠圆头形。果实扁圆形，平均单果重 219 克，最大可达 350 克。果皮红色，鲜艳、光亮，平均果皮厚 0.3 厘米。果实可溶性固形物含量 11% ~

13.2%，每 100 毫升果汁含糖 8.56 ~ 10.35 克、总酸 0.4 ~ 0.65 克。可食率 76%。果实无核或基本无核。果肉橙红色，囊壁稍厚略韧，风味甜，较多汁。果实 12 月中下旬成熟，耐贮运性强。极丰产，适应性广。

其他引进的橘橙（橘、柚）类杂交品种还有早香、清见等。

三、柚类

1. 沙田柚

沙田柚原产广西，四川遂宁、纳溪、合江等栽培较多。树势强，树形高大，树冠塔形，枝条较直立，叶披针状椭圆形，翼叶较大，倒心脏形。果实梨形或葫芦形，果蒂部呈短颈状或颈较长，果顶广圆或平，柱点微凹，顶部常有不整齐的印环或放射沟纹，单果重 600 ~ 1200 克。果面黄色，常有丘状突起，油胞细密，皮厚 1.30 ~ 2.20 厘米，海绵层白色。瓤瓣 11 ~ 16 瓣，肾形或梳形，果心大而充实。果肉白色，汁胞细长，果肉脆嫩化渣，汁较少，风味纯甜，富清香。每 100 毫升果汁含总糖 7.17 ~ 12.0 克、总酸 0.21 ~ 0.58 克、维生素C 97.84 ~ 147.96 毫克，可溶性固形物 10% ~ 15%，单果种子数 50 ~ 100 粒，品质上等。果实 11 月中下旬成熟，耐贮。

沙田柚进入结果期较迟，嫁接苗一般需 5 ~ 6 年后才始果，丰产性较好。常以酸柚作砧。沙田柚为自交不亲和品种，定植时宜配置其他品种或不同类型的沙田柚，如垫江白柚、蓬溪柚、文旦柚、红心柚、舒氏柚、砧板柚、酸柚、早禾柚等作授粉树，可获丰产稳产。

2. 真龙柚

真龙柚原产四川合江县。果实葫芦形，蒂部短颈较粗，果梗深凹，有放射沟纹，果顶广平，中心浅凹，平均单果重1100～1286.67克。果面黄色，有丘状凸起，油胞中大、密生，平或微凸，皮较光滑，中等厚，易剥离，海绵层白色。瓤瓣长肾形，中心柱小，充实。呆肉白色，脆嫩化渣，汁中等，味甜。每100毫升果汁含总糖10.15～10.32克、总酸0.28克、维生素C 100毫克左右，可溶性固形物12.0%～12.5%，可食率42.36%～62.7%，单果种子数214粒，品质上等。该品种果实风味同沙田柚，耐贮性较好。

3. 通贤柚

通贤柚1929年从福建漳州地区引入四川省安岳县，经实生繁殖变异选育而成。四川内江地区为主产区。

树势中等，树冠开张披垂，枝梢密生，春梢节间短刺少，叶肥厚浓绿、倒卵圆形，叶外缘内卷，翼叶较大，倒心脏形。果实倒卵圆形有颈，果形指数1.01，蒂部低颈正或略歪，有放射沟纹，顶部广平，中心微凹，单果重1000～1500克。果面黄色、中等粗细，果皮厚1.2～1.92厘米，海绵层白色。瓤瓣12～16瓣，长肾形，中心柱较小，果肉白色，脆嫩化渣多汁，酸甜适口，风味浓。每100毫升果汁含总糖8.81～9.50克，总酸0.85～1.26克、维生素C 36.64～45.36毫克，可溶性固形物11.6%～12.0%，可食率54.38%～63.80%，果汁率48.4%以上，少核或无核。品质优良。果实11

月上旬成熟，较耐贮运。

适应性强，丰产稳产。嫁接苗定植 3 年可试花挂果，5~6 年生单株产果 30 个以上，成年树最高株产可达 600~700 个，常以酸柚作砧，亲和性好，抗逆性强，树势旺，前期挂果稍差，但后劲很强。枳砧亲和性尚好，树体较矮化，果实品质好，但抗逆性差，不适宜碱性土壤栽植。红橘砧亲和性差，不宜做通贤柚的砧木。

4. 脆香甜柚

脆香甜柚原产四川苍溪县。四川苍溪县、南部县为主要产区。树势强健，树冠圆头形，树姿半开张，枝条粗壮，节间短，叶肥厚椭圆形，翼叶较小。果实阔卵形或锥状扁圆形，果基部窄，具数条放射沟纹，顶部广平，顶端浅凹，单果重 1200~1800 克，最大可达 2500 克。果面黄色，油胞凸出，中等粗细，果皮厚 1.4 厘米，海绵层白色。瓤瓣 14~16 瓣，果心小而空。成熟时常内裂，果肉黄白色，脆嫩化渣，汁较少，酸甜偏甜，风味较浓。每 100 毫升果汁含总糖 7.65~8.96 克、总酸 0.62~0.79 克、维生素 C 39.81~45.72 毫克，可溶性固形物 11.0%~11.5%，可食率 59.27%~64.4%，果汁率 35.5%，平均单果种子数 35~67 粒，亦有无核或少核果，品质上等。果实 10 月中下旬成熟，较耐贮运。

丰产稳产性好，嫁接苗定植 3~5 年始果，8~10 年后大量结果，10 年生树单株产果可达 100 个以上。一般以酸柚作砧。

5. 龙都早香柚

龙都早香柚原产四川省自贡市贡井区，从实生柚树中选育，主产自贡市。树势较强，树冠圆头形，叶长椭圆形，翼叶较大。果实短圆锥形或阔倒卵圆形，果形指数1.03，蒂部有数条放射沟纹，顶部广平，中心微凹，多有印环，单果重1500克左右，最大可达3000克。果面黄色，平滑，油胞细密，微凸，皮厚1.5厘米左右，海绵层白色。瓤瓣10～16瓣，肾形，不整齐，中心柱空或充实，成熟时易内裂。果肉白色，脆嫩化渣，汁中等，风味酸甜，苦麻味甚微。每100毫升果汁含总糖8.97克、总酸0.54克、维生素C 54.0毫克，可溶性固形物11.2%，可食率53.68%，平均单果种子数50粒左右，亦有少核或无核果。品质中上等。果实9月下旬成熟，不甚耐贮藏，常温贮藏40天后枯水粒化，品质下降。

早结丰产性强，嫁接树4年始果，成年树株产100个左右。

6. 凤凰柚

凤凰柚原产四川省达川市，系梁平柚的实生变异。主产达川地区，在四川省其他柑橘产区也有分布。

树势强健，树冠圆头形或半圆形，叶椭圆形或长卵圆形。果实阔倒卵圆形，果形指数0.79～0.97，蒂部有数条短沟纹，顶部广平，平均单果重1250～1650克。果面金黄色，较细，富香气，平均皮厚1.4厘米，海绵层白色。瓤瓣15～18瓣，肾形，瓤衣薄，果心空。果肉黄绿色，细嫩化渣多汁，酸甜，风味浓，苦麻味极微或无。每100毫升果汁含总糖8.22克、总酸0.85克、维生素C 49.92 毫克，可溶性固形物 11.0%，可食率 54.15%，果汁率 45.30%，单果种子数 30～82 粒。也有少核或无核类型。品质优良。果实 10 月中旬成熟，较耐贮运。

早结丰产性强，酸柚砧嫁接苗定植 3 年始果，16 年生树平均株产 110 个。无裂果现象。一般用酸柚作砧，亦可采用枳作砧。

7. 龙安柚

龙安柚原产四川广安县，该地为主要产区。树势中庸，树冠圆头形，半开张，枝条粗壮较软，叶片椭圆形，翼叶倒卵形。果实长圆锥形或梨形，果形指数 1.07～1.18，果基窄，果肩常倾斜，果顶广平，中心浅凹，单果重 1000～1750 克。果面黄色，中等粗细，平均皮厚 1.20～1.75 厘米，海绵层淡红色。瓤瓣 11～16 瓣，梳形，瓤衣易剥离，果心小半空。果肉浅红色或红色，细嫩化渣多汁，酸甜，味浓，基本无苦麻味。每 100 毫升果汁含总糖 7.63～8.51 克、总酸 0.51～0.95 克、维生素C 48.26～56.21 毫克，可溶性固形物 10.8%～13.4%，可食率 44.92%～49.72%，果汁率 35.67%～44.91%，平均单果种子数 3.5～12.0 粒，异花授粉时种子数可达 30 粒以上。品质上等。果实 11 月上旬成熟，耐贮运，可贮至次年 3 月，风味品质仍佳。

丰产性强，常用酸柚作砧，定植 3 年可试花挂果，成年树一般株产 100～150 个。白花结实率高，丰产并产生无核或少核果，混栽时种子数显著增加，不需配置授粉树。

8. 白市柚

白市柚1934年从外地引入四川广安县，经多年选育提纯，已成为当地主栽品种之一，四川省其他柑橘产区有少量栽培。树势中等，树冠自然圆头形，开张，枝条粗壮长硬，叶片椭圆形。果实扁圆形，果形指数0.85～0.86，蒂部有数条短沟纹，顶部广平，中心微凹，单果重1000～1700克。果面黄色，光滑，油胞细密，微凸，富香气，平均皮厚1.32～2.35厘米，海绵层白色。瓤瓣16～20瓣，肾形，瓤衣较薄，果心空。果肉黄绿色，细嫩化渣多汁，味甜，苦麻味极微。每100毫升果汁含总糖6.33～7.09克、总酸0.21～0.26克、维生素C 68.78～81.88毫克，可溶性固形物9.0%～9.6%，可食率50.51%～54.10%，果汁率34.38%～40.78%，平均单果种子数54.75～88粒。品质中上等。果实11月中下旬成熟，耐贮运，在自然条件下可贮藏至春节前后，品质尚好。

早结丰产性好，常用酸柚作砧，定植3年后始果，成年树株产可达150～200个。白市柚自花结实率高，不需配置授粉树。

9. 新都柚

新都柚主产四川省新都县，原称"漳州柚"。新都县、彭州市为主要产区。树势较强，树冠圆头形，枝条粗壮，叶片椭圆形，翼叶心脏形，叶面皱缩不平，浓绿有光泽。果实高扁圆形，果形指数0.83～1.01，果蒂微凸，果顶广平，中心微凹，单果重1000～1500克。果面黄色，中等粗细，果皮平均厚1.74厘米，海绵层白色。瓤瓣 13～16 瓣，梳形，果心较空，果肉白色，脆嫩化渣多汁，酸甜，风味浓。每 100 毫升果汁含总糖 8.27～9.06 克、总酸 0.61～0.76 克、维生素C 43.40 毫克，可溶性固形物 10%～11%，可食率 58%～75%，单果种子数 54～100 粒，亦有少核或无核果。品质上等。果实 10 月下旬至 11 月上旬成熟，耐贮藏。

适应性、抗逆性较强，丰产性较好，定植 3 年后可试花，第 4 年投产，单株产果 10～15 个，盛果期株产 100～200 个。

近年新都县又选出 9 月底至 10 月上旬成熟的较早熟的新都柚 2 号（原新都柚编号为新都柚 1 号）。新都柚 2 号树势较强，树冠自然圆头形，较矮，枝条粗，较披散，叶片长椭圆形。果实圆锥形，高桩，单果重 900～1250 克。果皮黄色，皮薄，油胞中粗。果肉浅肉色，脆嫩，果汁一般，偏甜无异味，种子较少。可贮藏 2 个月左右。适应性较强，一般不配授粉树。丰产稳产性较好，定植后第三年试花，第四年投产，一般单株产果 10～15 个，高产单株 30～40 个，盛果期 80～100 个。

四、柠檬

四川柠檬主产区集中在安岳县及威远县。安岳县是全国最大的、也是唯一的"全国柠檬基地县"。主栽品种是尤力克柠檬，果实中大，单果重 90～160 克，长椭圆形，顶部有乳头状凸起，基部钝圆，有放射状沟纹。果皮淡黄色，较厚而粗，油胞大。果肉柔软，果汁含量 38%，味极酸而芳香，可溶性固形物 9.1%，每 100 毫升果汁含总糖 2.53 克、总酸 6.45 克，维生素 C 47.2 毫克，种子 16 粒左右。11 月下旬至 12 月成熟，耐贮运。果实主要用于日化工业提取香精油、工业或家用制饮晶及酿酒。尤力克柠檬在四川主要以红橘作砧，其次有土柑、酸柚和枳等砧木。以后又陆续引进栽培有少量里斯本柠檬、费米耐劳柠檬、维拉费兰卡柠檬以及相近的种和杂种如北京柠檬、巴柑檬（攀西）。

第二节 建　园

一、园地选择

园地应选择在生态环境良好、远离污染源、周围树种没有与柑橘具有相同的主要病虫害、具有可持续生产能力的农业生产区域。

1. 气候条件

适宜的年平均气温为 16℃ ~ 22℃，1 月平均气温 ≥ 4℃，绝对最低气温 ≥ -7℃；≥10℃ 的年积温 5000℃以上。

2. 土壤条件

土壤质地以排水良好、土层深厚的沙壤为好，土层在 60 厘米以上，地下水位 1 米以下，pH 值 5.5 ~ 7.0，有机质含量 ≥1.5%。

3. 产地环境

（1）环境空气质量　环境空气质量要求见表 1 - 1。

表 1-1　空气中各项污染物的浓度限值

项　　目	浓度限值	
	日平均[a]	1 小时平均[b]
总悬浮颗粒物（TSP）（标准状态）， 　　　　　　毫克/立方米　≤	0.3	—
二氧化硫（SO_2）（标准状态）， 　　　　　　毫克/立方米　≤	0.15	0.50
二氧化氮（NO_2）（标准状态）， 　　　　　　毫克/立方米　≤	0.12	0.24
氟化物（F）（标准状态）， 　　　　　　微克/平方分米·天　≤ 　　　　　　微克/立方米　≤	1.8 7	 20

注：a. 日平均是指任何一日的平均浓度。

　　b. 1 小时平均是指任何 1 小时的平均浓度。

　　c. 氟化物日平均浓度 1.8 为挂片法之值；日平均浓度 7
　　和 1 小时的平均浓度 20 为动力法之值。

（2）灌溉水质量　灌溉水质量要求见表 1-2。

表 1-2　灌溉水中各项污染物的浓度限值

项　　目	指　　标
pH 值	5.5 ~ 8.5
总汞，毫克/升　　　　　　　≤	0.001
总镉，毫克/升　　　　　　　≤	0.005
总砷，毫克/升　　　　　　　≤	0.1
总铅，毫克/升　　　　　　　≤	0.1
铬（六价），毫克/升　　　　≤	0.1
氟化物，毫克/升　　　　　　≤	3.0
氰化物，毫克/升　　　　　　≤	0.5
石油类，毫克/升　　　　　　≤	10
氯化物，毫克/升　　　　　　≤	250

（3）土壤环境质量　土壤环境质量要求见表 1-3。

表 1-3　土壤中各项污染物的含量限值

项　　目		指　　标	
		pH < 6.5	pH 6.5～7.5
镉，毫克/千克	≤	0.3	0.3
总汞，毫克/千克	≤	0.3	0.5
总砷，毫克/千克	≤	40	30
总铅，毫克/千克	≤	250	300
总铬，毫克/千克	≤	150	200
总铜，毫克/千克	≤	50	100

注：重金属（铬主要为三价铬）和砷均按元素量计，适用于阳离子交换量 >5 摩尔（+）/千克的土壤，若 ≤5 摩尔（-）/千克，其指标值为表内数值的半数。

二、建园

宜选背风向阳或有山丘林木作屏障或大水体附近的环境建园。修筑必要的道路、排灌和蓄水、附属建筑等设施，营造防护林。防护林选择速生树种，并与柑橘没有共生性病虫害。

平地及坡度在 60 度以下的缓坡地，栽植行为南北向。建议采用长方形栽植。坡度在 60～250 度的山地、丘陵地，建园时宜修筑水平梯地，栽植行的行向与梯地走向相同。推荐采用等高栽植。梯地水平走向应有 3‰～5‰ 的比降。

1. 品种和砧木选择

（1）品种选择　选择适宜本地区有较强抗病性、抗逆性的优良品种。

（2）常用砧木　常用的砧木有：枳、红橘、枳橙、香橙等。碱性土不用枳作砧木，应用资阳香橙砧。

2．栽植

（1）栽植时间　一般在9～10月秋梢老熟后或2～3月春梢萌芽前栽植。干热河谷区宜在5～6月雨季来临前栽植。容器苗或带土移栽不受季节限制。

（2）栽植密度　栽植密度根据品种、砧穗组合、环境条件和管理水平等而定，一般株行距为2～3米×3～5米。

（3）栽植技术　定植穴长、宽、深均为60～100厘米，在沙土或紫色土瘠薄地可适当加大、加深。栽植穴或栽植沟内施入的有机肥应符合无公害生产规定的肥料，每穴30～50千克，并分多层压入。栽苗时要将根系舒展开，苗干扶正，嫁接口朝迎风方向，边填细土边轻轻震动，上提树苗，踏实根系周围土壤，使根系与土充分密接；填土后在树苗周围做直径1米的树盘；栽植深度以土壤下沉后，根颈部与地面相平为宜；种植完毕后，立即灌透水。定植后需勤浇水，灌水后树盘可覆盖薄膜、稻草、杂草或秕壳以保墒。

三、柑橘生产中禁止使用的农药

柑橘生产中禁止使用的农药包括滴滴涕、六六六、毒杀芬、杀虫脒、二溴氯丙烷、二溴乙烷、除草醚、艾氏剂、狄氏剂、汞制剂、敌枯双、氟乙酰胺、甘氟、毒鼠强、毒鼠硅、氟乙酸钠、甲胺磷、甲基对硫磷、对硫磷、久效磷、磷胺、甲拌磷、甲基异硫磷、特丁硫磷、甲基硫环磷、治螟磷、内吸磷、克百威、涕灭威、灭线威、硫环磷、蝇毒磷、地虫硫磷、氯唑磷、苯线磷、砷、铅类等以及国家规定禁止使用的其他农药。

第三节 锦橙周年管理工作历

1 月份管理工作

1 月是全年气温最低，雨量、日照最少的时段，也是柑橘树体休眠、花芽继续形态分化的时期，柑橘园的重点工作是加强果园环境改善以及冬季清园工作，主要包括整枝修剪、喷药封园、土壤改良与水系、路面整修等工作。

1. 果园道路维修、水路清理

维修和完善果园内的道路，清理水沟、水渠。

2. 树形改造与整枝修剪

12 月份采果后，开始进行树形改造。冬季修剪是 1 月份的重要工作。疏去密生的大枝以及病虫枝、纤弱细枝，修剪后的树体呈三角形。每一主枝或侧枝都呈三角形。三角形受光量最多，树形紧密，有效容积大，树体通风透光好，生产效率最高。

3. 冬季病虫防治

1 月份是气温最低之时，也是病虫防治的最佳时期，冬季病虫防治工作做好了，对春季病虫害的控制有事半功倍的作用和效果。修剪结束后，用波美 1～1.5 度的石硫合剂进行全园喷布，能有效地消灭越冬红、黄蜘蛛，锈壁虱以及其他病虫害。

4. 土壤改良

四川大部分果园土壤有机质含量偏低，保水保肥能力弱。因此，果园内进行除草或收集杂草积肥，提高果园土壤有机质含量，改善土壤的理化结构，改善柑橘根群生长的环境条件，以利肥培作用，提高肥料的利用率，才能够提高果园土壤的保水保肥能力。

2 月份管理工作

2 月的气温逐渐回升，柑橘树体由相对休眠向生长过渡，树液循环开始，根部吸收力逐渐上升，成年树开始施春肥灌水，并继续完成修剪工作。

1. 成年结果树施足萌芽肥

对当年树势弱、梢果矛盾明显的树，要适当提早重施萌芽肥。一般在 2 月中下旬开始施肥，施肥过早，土温太低，根系尚未完全活动，吸收慢，不能充分发挥肥效；过迟则不能及时供应萌芽抽梢和开花结果的需要。对树势好或梢果矛盾不突出的大年树，则可推迟到 3 月上旬施肥。施肥时宜在晴天开环状沟，露根晒太阳半天，再施肥盖土，有利地温提高，使根系早吸收养分以促发新根。施肥量以株产 50 千克果实为标准，每株施腐熟的饼肥 1 ~ 1.5 千克，家畜粪 50 千克，尿素 0.5 千克，过磷酸钙 1 千克，施肥时结合灌水抗旱。株产超过或不足 50 千克的树，施肥量按比例增减。

2. 继续进行整枝修剪工作

果园还未完成树形改造和整枝修剪的，应抓紧时间在施肥前完成整形修剪工作，以利形成良好的丰产树体和合理的梢果结构。

3. 果园萌芽时的病虫防治

2月下旬的晴天中午前后，重点用药防治柑橘红、黄蜘蛛的越冬成虫和卵块，可用5%的尼索朗3000倍液进行果园喷药。

3月份管理工作

3月的气温继续回升（月平均气温在13.5℃以上），花芽分化进入最后阶段，花器形态分化完成。中下旬开始萌芽，并开始进入生理落叶，根开始吸收大量养分。本月应继续做好施肥、防虫工作。

1. 继续施好萌芽肥

对果园还未施完萌芽肥的应抓紧时间完成施肥工作，并结合防虫施叶面肥，从中旬开始每10天叶面喷施0.3%的磷酸二氢钾2~3次，春季出现持续干旱的果园要及时进行灌水。

2. 病虫防治工作

3月份的果园病虫防治工作仍以防治柑橘红、黄蜘蛛为重点，可选用波美0.5~0.8度石硫合剂进行果园喷布，兼治其他病虫害。

3. 播种夏翻绿肥以及果园种草

夏翻绿肥的种植是果园土壤有机质的主要来源。因此，应在果园的行间种好种足绿肥，也可培育果园一年生杂草，大力推广果园草生栽培。

4. 高接换种

针对各果园品种不纯，对低产劣质锦橙树采取多头高接的办法换掉劣质品种，确保果园品种纯度，提高果品质量。

4月份管作

4月柑橘从萌芽开始进入新梢期，中下旬花蕾开始膨大至始花期，根的吸收力持续增强，下旬开始新根发生，此月的气温继续上升（月平均气温18℃以上），降雨量增加（月降雨量60毫米左右），因此，病虫防治、保花、抗旱将是果园管理的重点。

（一）果园病虫防治

加强花蕾蛆、蚜虫、凤蝶、流胶病的防治工作。

1. 花蕾蛆的防治

花蕾直径2~3毫米时喷药，病害严重的在谢花前幼虫入土时再次喷药。第一次施药地面和树冠同时喷；第二次地面喷雾。选用50%辛硫磷500~800倍液于傍晚喷施树冠和地面，或48%毒死蜱800~1500倍地面喷雾。摘除受害花蕾深埋。

2. 红蜘蛛的防治

可选用73%的克螨特2000~3000倍液进行防治。

3. 蚜虫、凤蝶的防治

10%吡虫啉2000~3000倍液、3%啶虫脒2000~3000倍液、或95%机油乳剂100~200倍液。

4. 流胶病的防治

药剂防治可用石硫合剂涂抹病斑，70%甲基硫菌灵或 50% 多菌灵调成糊状涂树干，58% 雷多米尔 200 倍涂抹病斑。涂药前刮净病斑至木质部或纵刻后涂药。

（二）保花保果

花期喷 2 次 0.2% 的硼肥进行保果。

（三）果园绿肥

继续做好果园绿肥的种植，搞好果园草生栽培的管理工作。

5 月份管理工作

5 月的气温继续升高，上旬是锦橙的盛花期、谢花期，并进入第一次生理落果期。新梢开始自剪，根的伸长达盛期。5 月份果园管理工作重点是保果，其次是防病治虫。

（一）追施一次保果肥

进行一次花量、春梢抽发、树势等情况调查，酌情追施一次保果肥。对花量大、结果多、树势弱的植株，应在谢花后立即追施一次保果肥，株施农家肥 20 千克加尿素 0.2 千克；对树势好、叶色浓绿、叶果平衡的树可以不施肥或少施肥。

（二）做好以尿素为主的根外追肥

谢花后，叶面喷施 2～3 次 0.3% 的尿素加 0.2% 的磷酸二氢钾，具有一定的保果作用。

（三）果园病虫防治工作

1. 锈壁虱和红、黄蜘蛛的防治

5 月份是红、黄蜘蛛的发生高峰期，可用 34% 的威螨乳剂 2000 倍液进行防治。

2．蚧类的防治

可选择下列药剂之一或交叉用药：22% 高渗喹硫磷 800～1000 倍液 1 次，48% 毒死蜱 800～1500 倍液 1 次，松脂合剂 10～15 倍液 1～2 次，95% 机油乳剂 100～200 倍液，25% 噻嗪酮 1000～1500 倍液（注意噻嗪酮对成虫无效）。此外，第一代雌成虫出现以前引移、释放日本方头甲、湖北红点唇瓢虫等天敌。

6 月份管理工作

6 月是柑橘夏梢的抽发盛期，锦橙二次生理落果的中后期，果园管理是控制夏梢的抽发、搞好保果、做好果园排水工作。

1．控制夏梢

6 月份是夏梢的抽发期，也是第二次生理落果时期。这时夏梢抽发越多，梢果矛盾越大，柑橘第二次生理落果就越严重。所以，及时管理好夏梢的抽生，是减轻二次生理落果的关键措施之一。对 7 月中旬前抽发的夏梢，应抹除，对结果多、夏梢抽生又少的，在不影响幼果生长的情况下，也可以适当的保留，但必须进行摘心处理，防止夏梢抽发过长而干扰树形。

2．果园排水

6 月份降雨量增加，要特别做好果园排水工作，做到排水沟渠畅通、不积水，防止水淹柑橘树而造成根系损伤以及诱发脚腐病、流胶病。

3．继续搞好蚧类的防治

继续对红蜡蚧、吹绵蚧、矢尖蚧的孵化情况进行检查并及时用药进行防治。防治矢尖蚧、吹绵蚧、红蜡蚧推荐药剂及浓度可选择下列之一或交叉选择：22%高渗喹硫磷800～1000倍液1次，48%毒死蜱800～1500倍液1次，松脂合剂10～15倍液1～2次，95%机油乳剂100～200倍液，25%噻嗪酮1000～1500倍液（注意噻嗪酮对成虫无效）。

4. 果园夏季绿肥的翻压

凡种绿肥的果园，必须做到以园养园，豆科作物要在初夹期进行深翻压绿，以利提早发挥肥效。草生栽培的果园可在本月下旬割草覆盖在树盘下面。

7月份管理工作

7月初仍是锦橙后期落果的高峰期，上旬果实内部组织发育完成，下旬果实开始进入稳果期及果实肥大期，是柑橘全年肥水管理的关键时期。本月的重要工作是施好壮果促梢肥、果园割草覆盖树盘以及防治黑蚱蝉、锈壁虱等。

（一）施好壮果肥

7月下旬是果实迅速成长及早秋梢即将萌芽抽发时期。因此，柑橘树需要更多的有效养分供给。在7月中旬按株产50千克果实，株施腐熟的家畜肥50千克、油枯1.5千克、尿素0.6千克、过磷酸钙0.8千克、钾肥0.8千克。施肥方法，在树冠滴水处开环状沟，施入肥料后盖土。

（二）果园割草覆盖树盘

草生栽培的果园，在7月份施肥后进行割草覆盖树盘，既起到抗旱、降温的作用，还可增加果园土壤有机质的含量，改良土壤理化性能。

（三）果园病虫防治

1. 黑蚱蝉的防治

黑蚱蝉主要危害枝条，应以诱杀防治为主，即夜间在果园的空地处烧火堆诱杀成虫，白天人工捕杀成虫；结合修剪，在黑蚱蝉卵未孵化前剪除产卵枝条集中烧毁。

2. 锈壁虱的防治

药剂可选用石硫合剂 0.1 波美度，其他化学防治同柑橘红蜘蛛。

8 月份管理工作

8 月锦橙秋梢大量抽发，果实迅速膨大，果实内糖酸开始积累，需要充足的水分和养分。本月柑橘园的重点工作是做好放梢摘心、防洪和防虫工作。

（一）疏果

柑橘疏果的主要目的是为了提高果实品质，增加优质果数量，并防止隔年结果，使柑橘园丰产稳产。疏果时应根据树势、结果量、叶果比确定疏果的多少。锦橙的叶果比以 50:1 为宜。人工疏果分两次进行，即第一次在 8 月上旬进行，疏去病虫果、畸形果、小果；第二次在 8 月下旬进行，疏去伤果、小果、裂果以及内膛日照差的中小果。

（二）果园防涝抗旱

8 月份常遇大雨或暴雨，雨量分布不均匀，果园要加强水利设施的管理，疏通排水沟渠，确保洪水的排放。还要做好果园蓄水抗旱工作，确保果园的用水。当果园土壤出现连续 15 天干旱，应在晚间和早晨进行果园灌溉，防止产生较重的裂果，以免造成当年产量的损失。

（三）适时放好早秋梢

在立秋前后抽发的梢，都能成为下年的良好结果母枝，因此，在 8 月上旬集中放好秋梢，可为下年提供健壮的结果母枝。在抽梢时期，对抽发过多、过密的秋梢要进行适当的疏梢。疏梢的办法采取五疏二、三疏一。对抽发较长的秋梢需进行摘心处理，即当秋梢长度有 7 ~ 8 片叶时进行摘心，促进秋梢尽早停长，尽快成熟充实。果园统一放梢后，再抽发的晚秋梢全部抹除，以减少树体养分的消耗。

（四）果园病虫防治

1. 潜叶蛾的防治

多数新梢嫩芽长至 0.5 ~ 2 厘米时喷药，间隔 7 ~ 10 天一次。选择下列药剂之一交叉用药：18% 杀虫双水剂 600 倍液，98% 杀螟丹 1500 ~ 2000 倍液，3% 啶虫脒 1500 ~ 2500 倍液 1 次，20% 甲氰菊酯 2500 ~ 3000 倍液，20% 除虫脲 1500 ~ 3000 倍液 1 次。

2. 黑蚱蝉的防治

继续防治黑蚱蝉危害。防治方法同 7 月份管理工作。

9 月份管理工作

9 月份雨量逐渐减少，但雨日偏多，日照明显减少。该时期果实迅速增大，秋梢已逐渐成熟，而锈壁虱、吸果夜蛾等害虫发生危害加重。所以，果园管理重点是防治病虫、加强枝梢的管理，种植冬季绿肥及草生栽培的管理。

（一）病虫防治

1. 红、黄蜘蛛的防治

9 月份是柑橘红、黄蜘蛛发生的又一个高峰期，果园应加强预测预报，及时用药防治，可选用 73％的克螨特 2500 倍液治虫。

2. 吸果夜蛾的防治

吸果夜蛾从 8 月下旬开始危害柑橘果实，造成产量损失。防治方法有驱赶和诱杀两种。在果园内用萘丸（卫生丸）挂在树冠各方位的枝条上，可驱赶吸果夜蛾；用 15 克敌百虫 + 10 千克水 + 50 克红糖 + 100 克柑橘汁混合配成毒液，装在瓦盆内，放在果园的各个部位，可起到诱杀吸果夜蛾的效果，减轻危害。

（二）果园种植冬季绿肥

果园夏季绿肥翻压结束后，在本月下旬开始种植冬季绿肥，并管理好草生栽培的果园，以为果园覆盖和增加有机质来源。

10 月份管理工作

10 月气温逐渐下降，雨量较少，日照偏少，此时期果实增长缓慢，体积达到最大时期，并开始着色。本月的主要管理工作是继续种植果园冬季绿肥，防治好以吸果液蛾为主的柑橘害虫，加强果园的护果工作。

1. 晚秋梢的处理

9月下旬以后抽发的枝梢一般称为晚秋梢，其叶细小、组织不充实，极易受病虫危害，应全部抹除，同时剪除树冠内膛的病虫枝、纤细弱枝，以利树冠的通风透光，减少树体养分的消耗，有利于养分积累，提高果实品质和花芽分化，为下年丰产打下基础。

2. 果园灌溉

10月份往往会出现秋旱，因此，凡果园柑橘叶片发生卷缩缺水现象，要进行适当的灌溉，以保证果实发育所需水分。

3. 病虫防治

继续加强吸果液蛾的防治，同时还要加强红、黄蜘蛛的测报和防治工作。

4. 果园的护果

10月份果实开始着色，要安排人员进行守护管理，防止果实被盗而造成产量损失。

11月份管理工作

11月份气温继续下降，降雨量少，日照差，这是冬干的开始。柑橘的根系生长逐渐减弱，花芽分化以生理分化逐步转入形态分化。本月果园管理工作以施采果肥、注意抗旱为中心，并做好采果前的准备以及运销工作。

1．果园施肥灌水

柑橘树结果后，消耗养分多，必须及时补充养分以恢复树势。在11月中旬施一次以有机肥为主的采前肥，株产50千克果实，株施腐熟的农家肥50千克，加速效氮肥0.3千克，加过磷酸钙0.5千克，施肥时结合灌水抗旱。

2．运销准备

采收前做好果品市场调查，研究运销策略，对外签订购销合同，并做好采果前的相关准备工作。

3．加强果园护果工作

11月份锦橙已全面着色，逐渐进入成熟时期，须加强果园的守护工作。

12月份管理工作

12月份是锦橙的采收销售季节，中旬要以采摘贮藏果为主，下旬以采摘鲜销果为主。

1．采收贮藏果

延长果品的运销时间，缓解鲜果的运销矛盾，以实现增产增收的目的。一般贮藏果的采摘时间在12月8日至15日之间，过早采摘，耐贮性好，但风味稍差，过迟采摘，耐贮性差，腐烂率加重。

2．做好鲜果运销，切实搞好采后商品化处理

在锦橙的鲜销中，要做好锦橙采后商品化处理。近年来，全国的柑橘生产发展很快，产量大幅度增长，果品市场的竞争越来越激烈，水果的销售已从卖方市场转为买方市场，因此，果农的果品经营观念要彻底改变，

果品的粗糙包装、混级销售已经越来越不受消费者的欢迎，精细、精美的包装，分级出售已成为消费者的普遍要求。所以，锦橙采收后，利用采后处理设备通过洗果、打蜡、分级后再选择精美的包装箱进行包装出售，实现依质定价，扩大销路的目的，促进柑橘生产的健康持续发展。

第四节　脐橙周年管理工作历

1 月份管理工作

1 月物候期为脐橙休眠期。

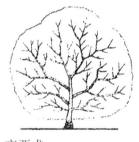

1. 整修

整修果园道路、排灌沟渠和设施。生产一年下来后，要对果园道路、排灌沟渠和设施进行全面维护检修，恢复或提高其生产能力，以满足来年生产要求。

2. 贮藏

作好贮藏果的安全检查、商品化处理及果品运销工作。

2 月份管理工作

2 月物候期为树体复苏，从相对休眠期向生长期过渡。

1．整形修剪

早春修剪在 2 月中下旬萌芽前进行，以改造树形、矮化树冠、增强树冠内部光照为目的，以修剪大枝为主。脐橙树形分为变侧主干形、自然圆头形和自然开心形。

通过修剪，控制主要结果层在 1～1.5 米间，提高树冠受光面和内膛受光率，进而提高树体有效容积和生产率，方便树体管理。

2．清洁果园

修剪下的枝叶若带病虫，要移出园外烧毁，以降低病虫源。不带病虫的小枝和树叶，可同春肥一道埋入园土，培肥土壤。

3．灌足萌芽水

2 月上中旬，随着气温升高，树液的流动，果树对水分的需要迅速增加。此期若雨少，土壤干燥，结合施春梢肥及时给果树灌水，满足果树向生长期平稳过渡对水分的需要。

4．施好春梢肥

在 2 月上中旬进行。春肥用量应以树势、土壤肥力和树冠大小不同而定。一般初结果旺树可不施肥或者严格控制施用氮肥；壮树、树冠小的树少施；弱树株施氮肥 0.5 千克或腐熟干鸡粪 10～15 千克、过磷酸钙 1～2 千克、钾肥 0.2～0.5 千克。施肥时要注意田间持水量，土壤干旱时应先灌水，后将肥料充分稀释后在树冠滴水线处浇施，施后用水冲化入土；土壤持水量适度时，也宜将肥料稀释后浇施，施后用水冲化入土。严防干旱时肥料干施。

3月份管理工作

1. 施好开园药

在3月上旬,春梢萌芽期,是红、黄蜘蛛越冬卵集中孵化期,用95%机油乳剂80~100倍液加克螨特1200~1500倍液喷好开园药,防治好红、黄蜘蛛第一代若虫,降低果园虫源基数。脐橙的开园药是全年施药防治红、黄蜘蛛的关键,防治得好,虫源基数低,可有效降低夏秋季节虫害发生率,减少喷药次数。

2. 花蕾期梢(叶)、花调节管理

脐橙春梢的健壮整齐抽发除对当年产量及果实品质有举足轻重的影响外,还因春梢为翌年主要结果母枝,培养适量春梢可防止大小年结果,确保翌年正常开花结果。春梢管理应注意调控春梢(叶)与花的比例,方法是:春梢萌发期及其春梢抽发期土壤干旱应充分灌溉,以促发春梢萌发整齐健壮。抽梢后春梢营养枝数量过大,要疏除部分密生和长梢营养枝;花量大时,要修剪疏掉无叶花枝和过量花枝,尽量将叶花比调节为4~8:1,此项工作主要在3月下旬至4月初进行。对花量特大的树,除加重疏花外,还可于花蕾期(3月中下旬)补施少量速效氮肥,以补充树体氮素养分的过量损耗。花前可结合病虫防治,叶面喷施一些微量元素类叶肥,提高花质,促进春梢的老熟及光合功能,进而减缓梢果营养矛盾,促进产果率的提高。

3. 春梢期其他病虫管理

①脐橙花蕾现白即豌豆大小时，土施杀虫剂一次并结合树冠喷敌百虫等杀虫剂二次防治花蕾蛆。②注重果园红、黄蜘蛛和蚜虫的监控和中心病株的挑治。③3月中下旬至4月上旬，在虫害防治的同时，对树冠喷施代森锰锌、多菌灵等杀菌剂1～2次，加强对炭疽病和树脂病等病害的兼防工作，这期间是全年防治脐橙病害的关键。

4 月份管理工作

1. 保花

在初花期喷施以硼为主的叶肥，谢花3/4时喷施保花保果叶肥，对防止花后过量落果非常有益。

2. 灌好花前水

开花需要大量的水分，开花前10～20天若遇干旱，需及时对土壤灌水。

3. 果园良性杂草选留培育

实施果园生草栽培或选留部分自然生长的良性草，不仅省工而且有水土保持效果，并可增加土壤中的有机质，改善果园生态环境，提供红、黄蜘蛛天敌生存庇护所，对病虫害有综合防治效果。

果园草生栽培开始头几年，应酌量增施氮肥2～3成，待草量增多、地力增加后，即可减少施用量。蓄草果园一年可刈草2～4次，以杂草不上树冠和方便壮果肥施用为度。

每年割下的鲜草还田及草根更新，可逐年提高土壤有机质，活化土壤，提高脐橙根群活力。待杂草蓄至10

月上旬后，有条件的果农可用稻草一类稿秆漫压杂草控制生长，无条件的果农则宜刈草控制生长。喷除草剂看似成本低，但对土壤理化性及生物性影响大，应慎用。

5 月份管理工作

1. 保果

进行 2～3 次根外追肥，喷施硝酸钾（钾宝）、尿素叶肥、磷酸二氢钾、硼、镁等，以增强树势，减轻营养不足导致的落果。为防止夏梢抽发与幼果争夺养分，形成梢果矛盾加重落果，对抽发的夏梢应彻底抹除（培育树冠的幼树除外）。

2. 病虫防治

草生栽培能有效降低喷药次数，但仍应加强对红、黄蜘蛛和炭疽病、油脂病的监控综合防治工作。5 月份还是星天牛、卷叶蛾和一代蚧类的发生防治期。星天牛的防治宜采用捕捉天牛成虫，削除虫卵和幼虫，用沾有有机磷农药的药棉塞虫孔等办法防治。卷叶蛾的防治可于 5 月上中旬分别用菊酯类农药防治。蚧类的防治宜在 5 月下旬，一代蚧类一、二龄幼蚧期用噻嗪酮类或杀扑磷类药物防治。

6 月份管理工作

1. 防脐黄落果

6 月初用抑黄脂一支对水 0.3 千克涂果脐部，也可用 0.002％2，4－D＋0.01％九二 O＋乐果、多菌灵各 500 倍混合液涂果脐部防治。

2. 理沟排水和抹夏梢

本月已进入雨季，应疏沟排湿，继续加强夏梢的抹除。

3. 土壤改良

6~9月是土壤改良的最佳时期。红黄壤柑橘园偏酸、紫色石骨大土偏碱，土壤有机质含量低，应按土壤与叶片分析结果，进行土壤分类改良：对树冠大、土壤熟化度高、不便田间作业的果园，可于树冠滴水线处开挖30~50厘米宽、40~50厘米深、120~150厘米长的土穴，施入稿秆、杂草、厩肥为主的有机肥和迟效性磷肥，酸性土应补施石灰，碱性土可补施硫黄粉；土壤熟化度低、树冠小便于田间作业的果园，可将腐熟稿秆、杂草、厩肥等有机肥和石灰（碱性土用硫黄粉）均匀撒施于果园，迟效性碱肥撒施于树冠滴水线处，然后按树冠下浅、树冠外深的方法进行土壤混合翻炕工作，以加速土壤热化度，提高土壤的良好理化性质及生物性，培肥土壤，改善脐橙根群生长环境。冬季干旱，土壤持水量偏低的果园在土壤改良工作前后可适度灌水，以利田间作业，并减轻旱害对树体的影响。

4. 疏果和定果

6月下旬，生理落果已近尾声，着果多寡已定，此时应进行疏果，调节坐果量。单株树疏果顺序为从上到下、从内到外，主要疏除病虫果、畸形果、机械损伤果、小果和过密果，以叶果比确定合理留果量。树势正常的情况下，适宜叶果比为80~100:1。合理的留果量，既可提高优质果品率和商品价值，还能有效防止大小年结果。

5. 病虫防治

本月在正常气候条件下，红、黄蜘蛛进入越夏轻度危害期，应重点抓好粉虱和蚧类的防治工作。若遇多雨低温，还须加强红、黄蜘蛛的防治。

7 月份管理工作

1. 追施壮果肥，促进果实发育

脐橙二次生理落果结束后，果实迅速生长，7～10月即为果实的快速膨大期，此期适宜的矿物质营养供应对形成优质大果和促发优质的早秋梢结果母枝都具有重要的作用。壮果肥施用时间在 7 月中下旬，施肥部位为树冠滴水线处，施肥量和氮、磷、钾搭配比例应视结果量和树势而定，一般掌握在：

结果量大的弱树：株施农家肥 25～50 千克，尿素 0.5～1 千克，磷肥 1～2 千克，钾肥 0.5～1 千克。

结果量大的壮旺树：株施农肥 10～25 千克，尿素 0.25～0.5 千克，磷肥 1～2 千克，钾肥 0.5～1 千克。

结果量小和未结果弱树：株施农肥 10～25 千克，尿素 0～0.25 千克，磷肥 0.5～1 千克，钾肥 0.25～0.5 千克。

未结果壮旺树：大树可不施，小树施薄粪，促发早秋梢以扩大树冠容积，增加早秋梢结果母枝。

草生栽培的果园，肥料可于树冠滴水线处浇施后割草覆盖即可。

2. 果园管理

7月份为项目区高温易旱期，此期果园管理应注重干旱时的灌水抗旱和降温工作，保持土壤相对稳定的持水量，有利果实正常生长发育，同时树冠喷施0.001～0.002% 2,4-D+0.3%尿素，或1%石灰水+0.2%氯化钾，可促进果皮与果实的同步生长，提高果皮韧度，对降低8～9月份裂果率至关重要。

继续抹除晚夏梢至7月下旬。

3. 病虫防治

本月重点加强锈壁虱和二代蚧类的监测防治。

4. 果园草生管理

7～9月份是夏季杂草生长的旺盛期。此期控草，有利露果受光、通风，降低果园空气湿度减轻防病工作量，通常用割草机割草覆盖。

8月份管理工作

（一）果园管理

8月为裂果初发期，果园管理重点为裂果的预防，主要措施有：

1. 注重旱灌涝排

继续注重果园旱灌涝排工作，保持果园土壤持水量相对稳定，以利果实正常生长，减轻裂果发生率。

2. 减轻裂果发生率

树冠可再喷一次1%石灰水+0.2%氯化钾，间隔15～20天，增加果皮韧性以减轻裂果发生率。

3. 严格控制秋梢量

秋梢量过大是造成裂果的重要原因，秋梢叶片量适宜控制在整个树冠叶量的 5％ 左右。放早秋梢时期为 8 月初至 8 月 20 日。

（二）病虫防治

8 月 20 日前抽发的早秋梢，一般能避开潜叶蛾危害，但仍应喷药防治，还要加强蚜虫、炭疽病对新梢危害的防治。

本月还须注重对粉虱和锈螨的监测预防。

9 月份管理工作

（一）田间管理

1. 防治裂果

本月为裂果高发期，继续采用综合措施防治裂果，降低裂果发生率。

2. 降低病虫害

抹除晚秋梢，有利果实糖分积累、品质提高和降低病虫害。

3. 9 月下旬，对树冠直径达 1.0 米以上的幼树拉枝整形，整形以自然开心形为主，拉枝角度与主干保持 45～60 度，角度不宜拉得太大，严禁拉成下垂枝。

（二）病虫防治

本月是防治炭疽病和褐腐病的第二个关键季节，可用代森锌等杀菌剂防治。也是防治食心虫、玉米螟、椿蟓、粉虱类和蚧类的重要和关键时期，可分别用杀螨剂和菊酯类、杀扑磷类药物防治。

10 月份管理工作

1. 控氮提质工作

脐橙果实品质以后期树势影响最大。氮素多，树势旺，光合产物大多转化成含氮有机物而形成枝梢抽生消耗掉，果实则表现为粗皮大果、青皮、转色差、果汁含量低、可溶性糖分少、品质差。主张增加 7 月壮果肥的施肥量，不施 10 月肥。或者在果实成熟前 60 天，将含碳素高的有机物施入土壤中（如未腐熟稿秆），使土壤中过剩的无机氮再次有机化，抑制根系在果实成熟前对氮素的过量吸收，有利降低土壤和叶片中的无机氮含量水平，从而促进着色、增糖减酸、适时成熟，提高果实品质。

2. 病虫防治

10 月份是越冬红、黄蜘蛛和果实褐腐病、青绿霉菌等贮藏病害防治的关键时期。因此，应结合防止采前落果喷施克螨特 1200 ~ 1500 倍液、2，4 - D 和杀菌剂两次。并人工捡除病虫害果集中销毁，以降低果园再次被侵染。其次，食心虫、玉米螟、春蟓、粉虱和吸果液蛾等虫害，也应注意加强防治。农药采收安全间隔期，一般宜选用生物农药和物理杀伤性农药，如阿维菌素 + 硫黄胶悬剂控制危害，后期使用硫黄胶悬剂，兼有隔离病菌浸染和果皮催色效果。此期病虫防治彻底，有利降低贮藏腐损。

11 月份管理工作

1. 加强脐橙果实后期品质提升管理

降低采果前土壤持水量，有利提高果实糖度和风味。降低采前果园土壤持水量的方法除高厢深沟排湿外，有条件的还可地膜地表覆盖隔雨。

2. 做好采收、贮运准备工作，精心采收

采收前应备好专用果剪、容器等物。凡可能在采收过程中造成果实机械损伤的工具、容器和采收运送方法均禁用。采收前 2~3 天，应将贮藏室和预贮室清扫干净，铺上清洁柔软垫料后彻底消毒备用。采果时应十分小心，采用两剪法剪平果柄，以免相互刺伤。采摘容器不宜太大，以免压伤果实。容器只能装九成满，过满易造成果实外溢撞伤。精心采收，减少果实损伤率，是提高果实耐贮性的有效措施之一。果实采收后，需在 24 小时内用防腐保鲜药剂及时处理，有利提高轻伤果的愈合和耐贮性。经药剂处理后的果实，应先入预贮室预贮。

3. 做好安全越冬工作

做好晚熟脐橙和中熟脐橙挂树贮藏的安全越冬工作。

12 月份管理工作

1. 适时采收

适时采收是保证脐橙品质的重要措施。一般朋娜、罗脐的最适采摘期在 11 月底至 12 月初，丰脐在 12 月上中旬，华脐在 12 月中下旬。在无严重霜冻的地区，采用果实延迟采收挂树贮藏方式，可使糖度提高 1～2 度，且果实色泽更加鲜艳。

2. 加强脐橙贮藏管理

脐橙经 5～7 天预贮后，即可用单果保鲜袋套袋入贮。套袋时应剔除病虫果、畸形果和机械损伤果，分级套袋分级入贮。入贮最好用 20 千克装专用木箱或塑料箱装箱堆码（应留出通气道和检查道）贮存，有利贮藏管理和提高库房利用率。采用库房平面堆码贮藏的，也应用砖砌好人行检查道，果实堆码高度应控制在 40 厘米左右，过高会造成下部果实压伤，空气对流不畅。堆码时应将蒂部朝上，一次存放，不要翻动，库内温度控制在 3℃～8℃，相对湿度 80%～90%，注意库房通风换气工作。

3. 搞好果实的商品化处理和运销工作

搞好果品的清洗、打蜡、分级和包装等一系列商品化处理，创地方优势品牌，是促进果品优价销售的有力措施。

第五节　柚类周年管理工作历

1 月份管理工作

1 月份气温较低，柚树处于相对休眠期，花芽分化则继续进行。田间管理主要是整形修剪、清园和病虫害防治、土壤管理。

1. 整形修剪

柚树嫁接苗一般在定植后 3～4 年开始结果，以春梢为主要结果母枝。成年树以 1～2 年生内膛春梢弱枝及无叶枝着果为主。未结果幼树的修剪以促进营养生长、培养骨干枝，迅速扩大树冠为主。进入结果期幼树修剪则应以促进营养生长向生殖生长转化、缓和生长势、促进花芽分化为主。结果幼树冬季修剪，主要是短截主枝延长枝，疏删树冠顶部和外围旺长、过密的夏秋梢，同时采用撑、拉、吊措施，牵引拉枝，开张角度，抑制强旺枝梢生长，促进春梢生长，培养结果母枝和促进成花。成年结果树修剪以平衡营养生长与结果、防治早衰和大小年结果为目的，修剪原则是抑上促下，外重内轻，弱树重剪、以短缩为主，强树轻剪、以疏删为主。保留内膛弱枝，回缩或重短截生长衰弱的大枝或侧枝；疏去过密的外围枝梢和顶部直立旺长枝；疏除密弱、重叠、交叉枝和晚秋梢、徒长枝；回缩或疏剪延长枝，更新枝组；剪去枯枝、病虫枝（如天牛危害枝、蚱蝉产卵枝、介壳虫窝生枝、炭疽病病害枝），对树冠透光较差的可从枝组基部疏删树冠中上部 1～3 个大枝或直立枝，即开"天窗" 2～4 个，增加光照，促进开花、结果及提高品质。

2. 清园

一是摘除树上越冬虫茧，堵塞虫洞；清除柚园病虫枝、枯枝、落叶和杂草，集中烧毁或深埋，减少次年病虫来源。二是全园喷波美 1 度左右石硫合剂或结晶石硫合剂 20～30 倍液，并可对树干涂白保护，消灭越冬螨类及其他病害虫。涂白剂配方为生石灰 5 千克、硫黄 0.5 千克、盐 0.5 千克、加水 20 千克。三是清理排水沟，维修道路等。

3. 土壤管理

主要是培土护根、深翻扩穴、中耕翻压绿肥及其他渣肥、厩肥，同时可杀灭土中越冬病虫。

2 月份管理工作

2 月中下旬春梢开始萌动，花芽继续进行形态分化，田间管理以施萌芽肥、继续修剪、清园为主，并注意灌水抗旱。

1. 施肥

柚树以 1～2 年生春梢为主要结果母枝。2～3 月春梢萌发前 10～20 天施萌芽肥，肥料以农家肥为主，结合施用无机肥，用量占全年总量的 20%。株产 50 千克果左右的树，株施人畜粪水 30～50 千克、尿素 0.3～0.5 千克、过磷酸钙 0.5 千克，钙镁磷肥 1 千克。初结果柚树酌情株施人畜粪水 25 千克左右加尿素 0.2 千克。施肥方式以沟施为宜。

2. 修剪及清园

在萌芽前继续完成 1 月份的修剪及清园工作。结果大树对树冠中上部较大的衰弱枝组，留 15～20 厘米枝桩下剪，剪口控制在 1.5～2 厘米大小，以控制花量，促发短壮春梢。对生长势强旺、树冠枝密度大、树冠内透光差的继续实施疏删大枝，开"天窗"。

3. 灌水

早春开花前易出现春旱的地区，应在萌发前结合施肥进行灌水或每株灌施清淡粪水少许加尿素 50～100克，如水分不足，会延迟萌芽期。多雨或地下水位高的柚园要做好排水工作。

3 月份管理工作

3 月气温继续回升，春梢抽发和生长，花芽形态分化完成，部分地区进入初花。果园管理主要是继续完成施肥和做好病虫害防治工作，本月也是播种绿肥和高接换种时期。

1. 肥水管理

对未施完萌芽肥的柚园应抓紧时间完成施肥工作，方法同 2 月份，并可结合病虫防治进行叶面追肥。叶面追肥在 3 月中下旬春梢叶片老熟之前，用 0.3% 的尿素加 0.3%～0.5% 磷酸二氢钾，还可加 0.2% 硼、锰、锌、镁等微量肥料混合进行叶面喷施，每 7～10 天一次，连续喷施 2～3 次。干旱时应及时灌水，保证春梢抽发、生长。

2. 病虫害防治

以防治红、黄蜘蛛为重点，兼治蚜虫等其他病虫害，同时还应及时防治花蕾蛆等病虫。每年 3～6 月和 9～11 月是红、黄蜘蛛危害盛期，全年的防治关键时期是 3 月。3 月份春梢萌发前，当 100～200 头/百叶，又干旱少雨时，应立即喷药；或春梢芽长 1～2 厘米或有螨叶达 50% 时均应喷药（其他时间每 300～600 头/百叶时应施药防治）。药剂可选用 5% 尼索朗乳油 2000～3000

倍液、20%三氯杀螨醇乳油800～1000倍液、95%机油乳剂100～200倍液、20%灭扫利（甲氰菊酯）乳油3000～4000倍液、50%溴螨酯1500～2000倍液、10%螨死净1000～1500倍液等防治，采用交叉用药、混合用药，连续防治2～3次。

3月中下旬至4月上旬柚花蕾现白，花蕾蛆成虫羽化出土前，及时防治。可用3%呋喃丹，每亩0.75千克混以25～30千克细土，中耕后撒在树盘土面，或亩用2.5%的甲基1605粉剂0.5千克加细土30千克混匀撒施于树冠下。当花蕾露白2～3毫米大小、成虫出土后，选用2.5%敌杀死（溴氰菊酯）2000～3000倍液或90%敌百虫800倍液进行树冠喷洒。

3. 播种绿肥和高接换种

3月份在幼树行间内可播种绿肥或生草。品种老化、退化植株可进行多接换种。

4月份管理工作

4月柚类进入初花、盛花及谢花期，春梢进入抽发盛期，新根开始生长，根系随土温升高吸收力逐渐增强、生长加速。果园管理工作主要是保花及病虫害防治，同时防治干旱。

1. 保花保果

可在花期喷两次0.2%～0.3%的硼肥。也可采用环割技术保花保果，对自花结实率低的品种应当配置8:1～5:1的授粉数进行人工异花授粉，才能提高着果率获得丰产。如沙田柚可用砧板柚、酸柚、红心柚、舒氏柚、蓬溪柚等授粉，垫江白柚选用肖家白柚、徐家白柚、梁平平顶柚、奎白柚、桂花柚、沙田柚、早熟包家柚等异花授粉均可提高产量。而自花结实率高的品种，如龙安柚、通贤柚、龙都早香柚异花授粉则种子数大增，宜单一栽培。

对花量过大的植株，则需进行适当疏花，疏除无叶花序或无叶花蕾，每花序去头尾留中间 3 个花蕾，可提高花质及着果率。

2. 病虫害防治

以防治红、黄蜘蛛、花蕾蛆、蚜虫、凤蝶为主，其次是天牛类、吉丁虫、吹绵蚧、卷叶蛾、黑刺粉虱和柑橘粉虱、恶叶甲、橘潜虫斧和流胶病防治。根据虫害情况可用 40% 乐斯本 1000 ~ 1500 倍液、农地乐 1500 倍液、10% 大功臣乳油 2000 倍液等药剂适时综合防治红、黄蜘蛛、蚜虫、凤蝶，兼治蚧类和其他虫害。也可用 73% 的克螨特 2000 ~ 3000 倍液防治红、黄蜘蛛，花蕾蛆的防治同 2 月。天牛类可实施人工捕杀和药剂防治。流胶病可用 50% 多菌灵或 50% 托布津 100 倍液浅刮深纵刻病斑树皮后涂抹。

3. 土壤、水浆管理

春旱时应适当注意灌水。水分不足影响花器发育，同时不利于根系生长和吸收土壤营养。但水分不可过重，若遇连绵阴雨，则应及时防治柚园积水。土壤管理，根据土壤情况可在 4 月上中旬春梢生长期，结合播种绿肥，中耕一次。

5 月份管理工作

5 月初进入谢花末期，中下旬幼果生长并进入第一次生理落果期和第二次生理落果开始期，春梢自剪和夏梢开始抽发。该期重点是调节梢、果矛盾，平衡营养。主要工作是施稳果肥，做好保花保果工作，其次是继续病虫害防治。

1. 稳果肥

施肥在第二次生理落果前的 5 月上中旬进行，以速效性无机肥为主，配施农家肥，施用量占全年总量的 10% ~15%。株产 50 千克果的树，株施人畜粪水 25 千克加复合肥 0.4 千克，或株施人畜粪水 30 千克、尿素 0.3 千克和过磷酸钙 0.5 千克。结果幼树酌情株施 25 千克左右人畜粪水加 0.1 千克尿素和 0.3 千克过磷酸钙。对旺树或初果树可少施或不施肥。

2. 保花保果

在谢花后一周左右进行。谢花后叶面喷施 2~3 次 0.3% 的尿素加 0.2% 的磷酸二氢钾，还可使用中国农业科学院柑橘研究所、四川省农业科学院等单位生产的柚类保果剂。也可以在第一次、第二次生理落果前分别采用"六合一"保果剂喷施树冠，即 0.001% 2,4 - D + 0.005% 赤霉素 +0.5% 尿素 +0.3% 磷酸二氢钾 +800 倍代森锌 +800 倍敌百虫，或者 25 ~ 50 微升/升赤霉素 + 0.3% 尿素 +0.2% 磷酸二氢钾 +0.2% 硼砂 +800 倍敌百虫 +800 倍代森锌，保果效果较好。对弱树和花多的树需继续进行疏蕾、疏花和疏除畸形果。对结果少的旺长树，在盛花至末花期全树选 2/3 左右、直径 3 厘米的直立枝或斜生枝进行环割保果。

3. 病虫害防治

5 月份是红、黄蜘蛛发生高峰期，需继续进行红、黄蜘蛛以及天牛、凤蝶等防治，方法同 4 月份。另外，5 月也是各种柑橘蚧类（矢尖蚧、糠片蚧、黑点蚧及吹绵蚧）幼蚧盛发期，是防治蚧类的重要时期，应及时选用40%的速扑杀 2000～2500 倍液或 40% 乐斯本 1000～2000 倍液、95% 机油乳剂 100～200 倍液等进行防治。

此外，对结果树还应及时抹除夏梢，减少梢果矛盾。

6 月份管理工作

6 月份是第二次生理落果期和夏梢生长期，一般挂果好的树以抽春梢为主，不抽夏梢。工作重点是保花保果与加强树体管理。

1. 保花保果

结果树喷施一次"六合一"（同 5 月）保果剂或其他保果剂，同时应疏除畸形果和过多的幼果。

2. 树体管理

对结果树或盛果期树，应通过肥水控制和抹芽控制夏梢抽发和生长。未结果和尚未准备促进结果的幼树，夏梢抽生前适当追施人畜粪水和尿素促进萌芽和生长，夏梢抽生 25～30 厘米以上时进行摘心，促发分枝和抽秋梢，利用夏梢生长培养骨架、迅速扩大树冠。在第二次生理落果结束后的 6 月底至 7 月可进行适当疏果，方法同 7 月份。

3. 肥水管理

盛果期幼树和结果幼树应在 6 月底或 7 月上中旬施用一次壮果促梢肥（见 7 月份）。干旱时及时灌水。

4. 病虫害防治

病虫害防治同 4～5 月份。

7 月份管理工作

7 月是夏梢大量抽发、生长及停止期，果实进入稳果期，幼果迅速膨大。果园管理工作主要是施肥，夏季修剪，土壤、水分管理及病虫害防治。

1. 施肥

幼龄树施肥促梢，株施腐熟人畜粪 5～10 千克或尿素 0.2～0.4 千克，促进夏梢生长、秋梢萌发，以迅速扩大树冠。结果树在 6 月底至 7 月中下旬施一次壮果肥，同时促进秋梢整齐抽发。成年柚树施肥量占全年用量的 35%，肥料可用农家肥配合磷钾肥，选用高氮、中磷、中钾的复合肥配方。对株产 50 千克果的树，株施人畜粪水 50～60 千克、过磷酸钙 1 千克、硫酸钾 0.5 千克、饼肥 1～2 千克、尿素 0～0.5 千克。结果幼树视树势及挂果量酌情施 25～35 千克人畜粪水、0.2 千克尿素、0.2 千克硫酸钾，1 千克饼肥。施肥方式，幼树沿树冠滴水线挖浅沟施入，施后覆土；成年树深翻扩穴重施肥，施后覆土。

2. 夏季修剪

幼树抹去主干、主枝以下的不定芽或零星新梢，短截徒长枝，夏梢摘心促发第二次夏梢或秋梢，培养树形结构和促进扩大树冠。

成年结果柚树，继续抹除夏梢；对衰老树适当短截，促发新梢，更新复壮树体。结果幼树，对夏梢25～30厘米以上进行摘心或短截。

大年树应疏去过密小果及畸形果、病虫害果，保留发育正常、在树冠内均衡分布的幼果，留果量一般按叶果比200∶1～250∶1为宜，确保留下的果实生长发育正常，外观内质好，并可防止隔年结果。

3. 土壤、水分管理

7月份气温高，易出现伏旱，当气温达37℃以上时果实生长发育受影响。施肥后应进行培土护根和树盘覆盖。园内则可生草覆盖，降低土温和减少水分蒸发。高温干旱期，应在早晚灌水或喷淋降温，保证果实正常生长发育和迅速膨大。同时对暴雨成灾或地下水位高的园区，则应做好排水疏通。

对土壤肥力低、结构差的柚园，根系生长高峰时可深翻改土，压埋有机肥和腐熟绿肥，提高土壤有机质量。

4. 病虫害防治

主要是对锈避虱、矢尖蚧、天牛和黑蚱蝉的防治。黑蚱蝉的防治以诱杀、人工捕杀为主，并剪除被其产卵的枝条集中烧毁。其他虫害防治同4～5月份。

8月份管理工作

8月是秋梢抽发期和果实迅速膨大期。成年结果树在 7 月 20 日前所抽生的夏梢，7 月中下旬重施壮果促梢肥，8 月上旬可整齐放一批秋梢，作为树体主要营养枝梢，果园管理主要是早秋梢放梢及摘心，土壤水浆管理及病虫害防治。

1. 抹芽放梢及摘心

8 月初继续抹除零星夏梢，上中旬（立秋）前后放秋梢，弱树可早放；强壮树缓放，中、下部早放，先端后放，留下整齐、健壮的早秋梢，疏除密弱枝，每条基枝留 2～3 条壮梢，秋梢达 20 厘米以上时及时摘心。

2. 土壤水浆管理

8 月份正值果实迅速膨大期，该期气温高，易干旱，应注意适时灌水，防止干旱。园内土壤可留覆盖绿肥或良性草类，树盘继续覆盖。8 月份也是一些地区大、暴雨时期，应疏通排水沟渠，做好排水和防治水土流失工作。

3. 病虫害防治

8 月上中旬，是防治潜叶蛾的关键时期。秋梢抽生至 0.5～1 厘米时及时喷一次药剂防治潜叶蛾。药剂可用 40% 乐斯本 1000～1500 倍液或 2.5% 敌杀死 2000～3000 倍液、农地乐 1500 倍液、10% 大功臣乳油 2000 倍液，每 7～10 天一次，连续喷药 2 次防治潜叶蛾，还可兼治其他虫害。8 月 10 日前抽发的早秋梢能避开潜叶蛾的危害，但仍应喷药防治。

8 月份高温高湿季节还易发生炭疽病，可选用 50% 退菌特可湿性粉剂 600 倍液、80% 炭疽福美 800 倍液、25% 多菌灵 250 倍液（50% 多菌灵 500 倍液），50% 托布津 500~800 倍液，50% 代森胺 800 倍液进行防治，每 7~10 天一次，连续喷药 2~3 次，还可兼治烟煤病、疮痂病、黑心病等。

9 月份管理工作

9 月份秋梢进入生长老熟期，果实继续膨大，果皮变薄、汁胞增长，果汁含量增多，花芽开始进行生理分化。本月主要工作是增施钾肥等提高品质、促进花芽分化，树体管理、播种绿肥及土壤水分管理、病虫害防治。

1. 施肥

对大多数柚园本次施肥不是必须的，对结果多、土壤肥力一般的柚园可以补充增施以磷、钾肥为主的壮果壮梢肥，促进秋梢生长充实和补偿果实膨大期大量消耗的养分，并可以提高柚果品质和促进花芽分化。可施用高效复合肥 1 千克或硫酸钾 0.5 千克、油枯 2 千克。施肥时须防止氮肥过多而引发大量晚秋梢或冬梢。晚秋梢或冬梢在四川省多数产区不能成熟，大部分还将受潜叶蛾危害，一般都需剪除。

2. 促进花芽分化

9 月份是柚树进入花芽分化的开始期，也是幼树从营养生长过渡到生殖生长、进入开花结果的转折时期。花芽分化期适当干旱，控制氮肥，增施磷、钾肥用量，尤其增施磷肥或根外追肥，补充微量元素硼、钼等以及进行环割（或环剥）、环扎，改善树冠透光条件均可促进花芽分花。

（1）环割，对开始进入结果的幼树、生长势旺盛的植株，适当环割（或环剥）可减少树体从土壤吸收水分，截留更多的营养物质在树冠及结果母枝上，提高树体碳水化合物含量，可促进花芽分化，增加次年开花量。环割时间在9月中下旬进行。环割部位，开始进入结果的幼树选主干与主枝交接处下部、较光滑的主干上；成年壮旺树在主枝光滑平整部位。环割方法，用嫁接刀环割1~3圈长度至干周2/3~4/5，或专用环割刀螺旋环割一周，割断韧皮部进入木质部但不伤及木质部为宜。切忌重复往返环割，否则会引起伤口过大，愈合时间过长。环割促花效果以叶片从浓绿微变黄，不造成落叶为准。反之，环割过轻，不能起到促进花芽分化作用，另外环剥促进花芽分化的效果也较好，但宜掌握尺度。

（2）环扎，9月上中旬左右用16号铁丝对主干或主枝进行环扎，环扎部位、管理方法及促花作用同环割。一般环扎1个月左右，可阻止树体上部有机养分向扎线以下运输，从而促进花芽分化。环扎效果以叶片从浓绿微变黄、不落叶为准。环扎时间过短起不到促进花芽分化的作用，过长则叶片过度变黄及落叶过多，造成树体衰弱。

（3）树体管理，内膛1~2年生弱春梢是柚树的主要成花母枝，采用拉枝、揉枝等方式可降低生长势，疏删直立旺长枝和密弱枝，增加冠内透光度，均可促进花芽分化。

（4）控水、断根促进花芽分化。对于生长旺盛的幼树，为促进营养生长向生殖生长转化，秋季花芽分化期可将树盘下的土壤刨开，露出部分根系，减少根系的吸水量，相对提高树体细胞液浓度（营养物质浓度）或者在树冠滴水线至主干的中点切断部分骨干根，剪平晾根几天，待叶片轻度萎蔫失水后再回填有机肥和土壤，然后少量多次灌水，直到叶片恢复正常，这种控水、断根促花效果较明显。控水和断根处理应适度，处理过重会引起大量落叶，树体衰弱；控水后骤然猛灌水也可造成大量落叶，均会影响树体生长和成花。

（5）应用生长剂促进花芽分化。可选用柚类专用促花剂，调节营养生长与生殖生长矛盾，解决成花难、成花少的问题，促进花芽分化。

3. 水浆管理

此期果实继续膨大，需水量较大，干旱时应及时灌水，同时可采取树盘覆盖，防止干旱影响果实品质。对次年准备结果的初结果树则需控制土壤水供应，适当干旱。

4. 病虫害防治

9 月份是红、黄蜘蛛发生的第二次高峰期，应密切注意虫情，及时防治。可选用 50% 托尔克 2000～3000 倍液，73% 的克螨特 2500 倍液，40% 乐斯本 1000～1500 倍液，20% 灭扫利乳油 3000～4000 倍液进行防治。其他病虫害防治同前述。

10 月份管理工作

10 月秋梢继续老熟，晚秋梢可能抽发；部分果实开始转色，花芽分化继续。果园管理主要是施采果肥，树体管理与病虫害防治。

1. 施采果肥

10 月上中旬至 11 月上中旬采果前 10 天或采果后 15 天内施采果肥，施肥量占全年总量的 30%～35%，以农家肥为主，配施磷钾肥，适当控制无机速效氮肥。株产 50 千克果的树，株施人畜粪水 50～60 千克，厩肥 50 千克，饼肥 3～4 千克、磷钾肥各 0.5 千克或钙镁磷肥 1.5 千克，尿素 0～0.2 千克。结果幼树株施人畜粪水 25～35 千克，尿素 0.2 千克，饼肥 1 千克，复合肥 0.2～0.5 千克。采前肥以深施为主，采用放射状沟施、壕沟法或扩穴深翻法。

2. 树体管理

继续采取拉枝、控水等方法促进花芽分化，控制和及时抹除晚秋梢。

3. 病虫害防治

继续进行红、黄蜘蛛等病虫害防治，方法同上月。

11 月份管理工作

11 月果实大都成熟采收，花芽分化继续。果园工作主要是采果、肥水管理、修剪清园和病虫害防治。

1. 采果

根据不同品种固有色、香、味等外观内质特性，适时进行果品采收，注意采收质量与商品品质，增加经济效益。

2. 肥水管理

采果后根据树体生长情况，可酌情补充肥料。老弱树、大年树可追施适量氮肥，小年树则增施磷、钾肥，叶片可喷0.2%磷酸二氢钾或0.5%复合肥，并保持适当的土壤水分，以促进树势恢复和花芽分化。对需促花的幼树则可继续适当控水。

3. 修剪清园

成年树摘除晚秋梢、冬梢。疏剪树冠中、上部徒长性枝组，剪除病虫、枯枝等无用枝。清除园内病虫、枯枝、落叶及杂草，做好越冬病虫害防治。

12月份管理工作

12月大部分柚树已全面进入相对休眠期，营养生长基本停止，花芽分化继续。本月田间管理重点是冬季修剪、清园和做好越冬病虫害防治，工作内容基本同1月份。

第六节 柠檬周年管理工作历

1月份管理工作

管理要点：加强果园环境改善以及冬季清园、整枝修剪、喷药封园、土壤改良。

1. 改土建园、定植

采用壕沟式爆破改土，增厚土层。在坡地建园时，修筑梯田，等高种植。定植穴深、宽一般为1×1米，挖穴时表土与心土分开堆放，挖好后将50千克以上经过充分腐熟的有机肥料与土壤分层拌和，先放表土，后放心土。如用水田或田埂新建果园，每个窝穴用 0.5~1 千克鸡粪 +1 千克油枯熟化土壤。

2. 土壤管理和施肥

深翻扩穴，浅薄石骨子进行爆破，保持 50~70 厘米的活土层。根际培土，积造堆肥和土杂肥。

3. 排灌沟渠整治

整治防洪排灌设施。

4. 保叶

全月注意防病治虫和抗旱保叶，对坡地旱地柠檬树，每株灌水 1~2 担。

5. 整形修剪

参照 12 月份管理要点。

6. 矫治缺素症，增加有机质

结合深翻，对缺铁黄化的柠檬树每株深施加工厂废弃的柠檬渣 10~15 千克，或者用打红薯过滤后的粉水发酵后施用。

7. 病虫防治

待修剪完后，收集枯枝、落叶、烂果集中烧毁或深埋。喷波美 1 度的石硫合剂或 70 倍机油乳剂加少量洗衣粉或硫黄胶悬剂 150~300 倍液，继续植株主干刷白。

2 月份管理工作

管理要点：开始施春肥、灌水，继续搞好修剪工作。

1. 改土建园、定植

2月上旬挖好定植穴，施足有机肥，在19日（雨水节）开始春植柠檬。在春旱较严重的地区，一般不春植。

2. 土壤管理和施催芽肥

对离主干33厘米到树冠滴水线以外33厘米的地面进行中耕，深15～20厘米，由外到内逐渐浅耕。①中下旬对幼树施2～4千克人畜粪，尿素0.1千克；②成年结果树以氮肥为主，占全年施肥量的10%～15%，施人畜粪60千克，尿素0.25千克；③幼年结果树施肥酌减。④或施用用柠檬专用磁化肥。

施肥方法　采用猪槽式施肥法，即在树冠滴水线下，于东西或南北方挖一个长方形的猎槽式施肥坑，长80～110厘米，宽30～40厘米，深20～25厘米，先施磷肥，后施其他肥，待水分渗漏后盖土。每次所开施肥坑的位置要更换。未结果树则在树盘内浅耕后直接淋粪。

3. 保叶

全月注意防病治虫，抗旱保叶。

4. 整形修剪

花前进行复剪，使所留花量分布均匀。

5. 病虫防治

本月中旬新梢1～2毫米时第一次防疮痂病，喷波尔多液0.5%，或托布津1000倍液，或1500倍液多菌灵，最好用800～1000倍液大生M－45。预防红、黄蜘蛛，可选用以下任意一种农药或交叉使用：硫黄胶悬剂150～300倍液，73%克螨特3000倍液，或20%金霸螨乳油 4000~5000 倍液。对流胶病、脚腐病及天牛危害严重的柠檬主干，进行根桥接。

3 月份管理工作

管理要点：继续做好施肥和病虫防治工作。

1. 定植

继续春植，春植成活后施 1~2 次清水。

2. 土壤管理和施肥

本月上旬继续上月施肥至春叶大量转绿为止。幼年结果树适当施肥，未结果树施薄肥。翻压冬季绿肥，下旬播种夏季绿肥，如印度豇豆、大豆、蔬菜等。

3. 抗旱

抗春旱，每株灌水 1~2 担。

4. 病虫防治

本月上旬防治花蕾蛆，挖松树盘，并喷洒 80% 敌敌畏 1000 倍液，或 90% 敌百虫 800 倍液，喷湿地面为止，最好在雨后喷药，喷雾树冠。人工摘除被害花蕾销毁。继续防治红、黄蜘蛛，选用下列药物之一进行防治或交叉使用：①波美 0.5~0.8 度石硫合剂；②15% 扫螨净乳油 3000 倍液；③20% 金霸螨乳油 4000~5000 倍液；④40% 扫螨通乳油 2000~2500 倍液。

4 月份管理工作

管理要点：病虫防治、保花保叶、抗旱。

1. 土壤管理和施肥

理好背沟和排水沟，对 pH 值高的碱性土，每株施

0.2~0.3 千克硫黄粉，降低 pH 值预防缺铁。

2. 抗旱

防春旱，每株灌水 1~2 担。

3. 保花保叶

4 月上旬花前喷 0.1%~0.2% 硼砂，加 0.3% 尿素，间隔 7~10 天一次，喷 1~2 次，促进开花坐果；4 月中下旬 0.2% 磷酸二氢钾，加 0.3% 尿素，再加 0.0005~0.0008% 喷施宝（每 5 毫升对水 65 千克）或云大 120 每 15 千克水对一小包，喷 1~2 次稳果。果园养蜂也是保花保果的有效措施之一。

4. 病虫防治

继续防治花蕾蛆，在多数花变白后，直径 2~3 毫米时，喷第二次药（同 3 月），可结合防治红、黄蜘蛛进行。

（1）脚腐病的防治　刨土亮兜，刮去病部，涂抹如下药剂之一：①铜锰合剂；②50% 多菌灵 100 倍液；③70% 甲基托布津 100 倍液；④1:1:10 波尔多液；⑤2%~3% 硫酸铜；⑥瑞毒霉 500 倍液；⑦843-康复剂原剂。

（2）继续防治疮痂病　在下旬花谢 2/3 时第二次喷药防治。可用 0.3~0.5:0.3~0.5:100 的波尔多液或 800~1000 倍液大生 M-45。

5. 做好果园绿肥的种植

搞好果园草生栽培的管理工作。

5 月份管理工作

管理要点：保果、病虫防治。

（一）定植

当成苗新梢停止生长至下次梢萌发之前，可就地挖苗定植或补植。

（二）土壤管理和施稳果肥

1. 除草

本月上旬中耕除草，当杂草有一定叶片时，每亩用20%百草枯水剂0.2～0.4千克喷雾，进行化学除草。

2. 施肥

中旬对结果多、生长中等或弱的柠檬每株施人畜粪15～20千克，过磷酸钙0.2～0.3千克；下旬每株补施0.2千克硫酸钾，或1.5～2.5千克草木灰，补充钾素营养，同时达到预防和减轻流胶病的目的。

3. 喷施法

中旬对生长旺而结果少的树，可不进行土壤施肥，用0.3%尿素加0.2%磷酸二氢钾，每隔7～10天喷一次，连续喷两次。继续防治红、黄蜘蛛。

（三）抗旱排涝

遇大雨及时排水，雨后对板结的园地浅耕一次，干旱时5～7天灌水一次。

（四）保花保果

本月上旬对结果多的树用0.2%磷酸二氢钾加0.3%尿素根外喷施，或喷稀土0.2‰保果或喷施宝（每5毫升对水65千克），喷1～2次。对幼年结果树进行抹芽摘心，控制营养生长，减少幼果脱落。

（五）夏季修剪

对20厘米以上的夏梢进行摘心促发分枝，对生长势弱的树进行缩剪，抹除主干主枝上无保留价值的萌芽。对强旺枝进行扭枝。

（六）矫治缺铁症

1. 埋瓶法

在树冠滴水线处挖粗约 0.3 厘米树根，插于配有 10% 硫酸亚铁加 0.001% 萘乙酸的溶液瓶中。用杂草或树叶盖好瓶口，盖土。

2. 喷施法

根外喷施 0.3% 尿素铁或 0.3% 硫酸亚铁加 0.2% 硫酸锌，再加少量洗衣粉降低酸度，选择阴天或晴天的两头喷，隔 7~10 天一次，连喷 2 次。

3. 土壤施肥

用 0.5 千克硫酸亚铁:0.25 千克油枯:10 千克人畜粪:200 千克水的比例配好放于池中晒 15 天，待发酵后，每株施 30~40 千克。

4. 调节

每株黄化柠檬施柠檬渣 15 千克，调节土壤酸度和增加有机质。

（七）病虫防治

1. 防锈壁虱

结合根外追肥加 65% 代森锌 300 倍液喷雾。

2. 捕杀天牛

分别在晴天早晨、中午、晚上人工捕杀天牛成虫，防止产卵。

3. 防治流胶病

先将病部的粗皮刮去（现青黄色为宜），再纵切裂口数条,深达木质部,然后涂以 50% 托布津或多菌灵 100 倍液,或 843－康复剂 100 倍液,或 50% 乙磷铝可湿性粉剂 50 倍液,或 1% 硫酸铜液,或 4%～10% 冰醋酸液。

4. 防治矢尖蚧

注意蚧壳虫类的预测预报。5 月上旬第一次喷药,重点防治当年第一代幼虫,喷 10% 天王星 2000～3000 倍液,20% 毙蚧 1000～1500 倍液,或 48% 乐斯本乳油 800～1000 倍液。机油乳剂 60～70 倍液(加少量洗衣粉);松脂合剂 16～18 倍液。15 天后喷第二次药。重剪虫株,结合喷药,加强肥水管理,增强树势。保护和利用天敌。

6 月份管理工作

管理要点:控制夏梢的抽发、施肥、保果,做好果园排水工作。

1. 土壤管理和施肥

中耕除草,可用 20% 百草枯化学除草,或土表覆盖杂草、稻秆,既可保温,又可抑制杂草生长。

2. 抗旱排涝

全月及时防伏旱灌水和防涝排水,避免土壤干旱或积水,影响根系生长,导致落果。

3. 保果壮果

用 0.3% 尿素加 0.1% 氯化钾,再加 0.2% 磷酸二氢钾混合液进行根外喷施 1～2 次,7～10 天一次。

4. 修剪和矫治缺铁症

参照 5 月管理。

5. 病虫防治

继续防治流胶病、红、黄蜘蛛、锈壁虱和天牛，方法参照 5 月管理。

防治潜叶蛾：①采取夏、秋控梢措施，即摘除过早或过晚抽发不整齐的嫩梢，以割断害虫的食物链，降低虫口密度。放梢时间应避开害虫盛发阶段，一般在 7 月 25 日以后。②药剂防治：90% 敌百虫、80% 敌敌畏 1000 倍液、3% 莫比朗乳油 2500 ~ 3000 倍液（宜治蚧壳虫）。

7 月份管理工作

管理要点：准备秋植、施壮果肥、抗旱排涝、病虫防治。

1. 准备秋植

按规划挖好定植穴，施足底肥，准备秋季定植。

2. 土壤管理和施壮果肥

树盘中耕除草，埋压夏季绿肥。①成年树每株施人畜粪水 30 ~ 40 千克或柠檬专用磁化肥 1 ~ 2 千克，②幼年结果树施人畜粪 10 ~ 15 千克，过磷酸钙 0.5 千克，硫酸钾或硝酸钾 0.1 千克。

3. 抗旱排涝

灌水抗旱和清理排水沟。

4. 病虫防治

继续防治流胶病、红、黄蜘蛛、潜叶蛾等病虫害。方法同 6 月。

防治矢尖蚧：7 月上旬喷药杀死第二代若虫，可用
20% 毙蚧 1000～1500 倍液、47% 乐斯本乳油 800～1000
倍液、60% 机油乳剂 120 倍液、松脂合剂 20～25 倍液。

防治黑蚱蝉：近年柠檬园黑蚱蝉危害枝条越来越严
重，主要采取诱杀，即夜间在果园的空地处烧火堆诱杀
成虫，白天人工捕杀成虫，结合修剪，在黑蚱蝉卵未孵
化前剪除产卵枝条集中烧毁。还可用 40% 乐果 1000 倍
液喷杀，但防治效果较差。

5. 幼树整形促花

做好幼树的撑、拉、吊工作。

8 月份管理工作

管理要点：做好秋植准备工作、施肥、抗旱排涝、
病虫防治。

1. 准备秋植

继续挖定植穴，施足底肥，准备定植。

2. 土壤管理和施肥

树盘中耕除草，全园翻压杂草或夏季绿肥。本月上
旬必须完成施壮果肥。

3. 抗旱排涝

清理排水沟及抗旱。

4. 修剪

本月上旬间芽。

5. 病虫防治

注意蚧壳虫类的危害，严重时参照 7 月份管理方法
进行防治。继续防治黑蚱蝉危害。防治方法同 7 月份。

9 月份管理工作

管理要点：秋植、保叶、修剪、矫治缺铁及病虫防治。

1. 秋植柠檬

秋植一般在 9 月上中旬。注意苗身直立，深浅适度，根际四周踏实，覆土淋透定根水。

2. 清理排水沟

秋季雨水较多，应理好排水沟，防止土壤积水。

3. 保叶

本月中旬喷稀土 0.01% 或 0.0008% ~ 0.001% 2，4 – D 加 0.3% 尿素混合液保叶。

4. 修剪

继续对直立旺长的幼年结果树和未结果树进行撑、拉、吊，开张角度，缓和树势，促进花芽分化，可提早结果和增产。

5. 矫治缺铁症

如仍有缺铁黄化现象，可用 0.3% 尿素铁或 0.3% 硫酸亚铁加 0.2% 硫酸锌，再加 0.2% 硫酸锰的混合液进行根外追肥 1 ~ 2 次，每隔 7 ~ 10 天一次。

6. 病虫防治

继续防治流胶病，方法同前。本月上旬喷药防治第三代矢尖蚧若虫，可用 7 月份药剂之一。

10 月份管理工作

管理要点：秋植、施肥、保叶。

1. 秋植

继续秋植或补植。

2. 土壤管理和施肥

全月重施采果肥。①成年结果树施肥量占全年的45%～55%，每株施尿素 0.2～0.4 千克，过磷酸钙 0.5 千克，硝酸钾或硫酸钾 0.5 千克（或草木灰 2 千克），人畜粪 80～100 千克，每株施柠檬专用磁化肥 2 千克，恢复树势，促进花芽分化。②初结果树和未结果树施肥量占全年的 40%，每株约施尿素 0.2 千克，过磷酸钙 0.4 千克，草木灰 1～2 千克。③中耕除草，行间播种豆科绿肥。每株施柠檬专用磁化肥 1～1.5 千克。

3. 保叶

采用 2.4 - D 0.0015%～0.002% 加入 0.3% 尿素，再加 0.2% 磷酸二氢钾根外喷施，或稀土 0.01% 浓度根外喷施，保叶效果均好。

4. 病虫防治

继续防治流胶病，红、黄蜘蛛等，方法同前。

11 月份管理工作

管理要点：改土、施肥、保叶。

1. 改土

新建果园采取壕沟式改土。

2. 施肥

采果肥未施完的，本月必须完成。

3. 保叶

方法同 10 月管理工作。

4. 运销

研究运销策略，做好运销准备，对外签订购销合同，并做好对外调运工作。

12月份管理工作

管理要点：改土、覆盖树盘、保叶、整形修剪、清园。

1. 改土

全月爆破改土，瘦薄果园采取隔年行间爆破，增厚土层。

2. 土壤管理

深翻，培土，树盘覆盖薄膜、稻草、杂草等。

3. 保叶

冬季灌水，每株酌情灌水80～100千克，同时用1%淀粉（红薯粉）加0.0025%2.4－D根外喷施，可保叶，促进花芽分化。

（四）整形修剪

1. 成年结果树

成年树以修剪为主，目的在调节光照和更新衰老枝。根据柠檬多在树冠内部和下部结果的特点，必须尽量保留树冠内部和下部的结果母枝和结果枝组；因柠檬一般生长较旺，树冠上部和外围易抽生直立旺枝，而旺枝不能形成结果母枝，故应掌握剪外保内、去强留中、疏密排匀的原则。为此，修剪要点为：疏除徒长枝；疏剪或缩剪树冠上部和外围的旺枝；短剪需要分枝的长枝；疏剪过密、纤弱的结果母枝；疏剪或缩剪穿桠交靠枝；缩剪结过果的枝。去除大枝后的伤口必须平滑，否则易染病虫害。

修剪时期：自 11 月至次年发芽之前进行，还可进行花前复剪。

2. 幼年结果树

对 4～5 年生的结果幼树，可一边结果，一边整形，以完善整形。整形的原则为：因树修剪，随枝作形；控制竞争，平衡树势；多留辅养，树壮果多。整形要点为：要求主枝数 5～7 个，其分枝角度大于 45 度且在树干上均匀分布，为此做到：对过多的主枝宜疏除；对生长过旺的主枝、侧枝要加以抑制，以平衡树势；对主枝及侧主枝须在适宜的方向留延长枝，以扩大树冠；对不宜做主枝和侧主枝的大枝，如位置恰当，可留作辅养枝，待其影响主枝或侧主枝生长结果时除去；对分枝角度小的主枝，应施行撑、拉、吊枝的办法，以加大分枝角度。

修剪要点：疏剪徒长枝，如需利用其补缺或培养成结果枝组时，在适宜处短剪；疏剪树冠顶部和外围的直生枝；对生长旺的春梢或夏梢留 15～20 厘米摘心，促发分枝；对生长健壮、中等生长势的枝，可不加修剪，采用长放；保留树冠内部及下部的结果母枝，对其疏弱留壮；缩剪结过果的枝；疏剪或缩剪穿桠交靠枝。

3. 未结果幼树

整形修剪是提早幼树结果的重要措施。主要目的在培养良好骨架，包括主干、主枝、侧主枝及结果枝组的合理配置。一般整形以自然圆头形或变侧主干形为宜。

要求主干高35~40厘米，主枝5~7个，保持一定的距离，分布均匀；每一主枝上有2~3个侧主枝，每2个侧主枝之间保持35~40厘米的距离；侧主枝上分布结果枝组，一面整形一面结果，使树冠内部和下部结果，树冠上部和外围的延长枝生长，形成和扩大树冠。主枝分枝角度要大于40度，否则施行撑、拉、吊枝，以加大分枝角度，要特别注意控制幼树直立向上旺长。整形的原则同幼年结果树。

修剪要点：参照幼年结果树。除此之外，要特别注意疏剪与主枝、侧主枝相竞争的枝，随时疏除主干和砧木上长出的萌枝。

4. 清园

收集枯枝落叶、烂果烧毁或深埋，喷布波美1度石硫合剂或机油乳剂70倍。

5. 主干刷白

主干刷白可保护主干，防止害虫产卵和阳面树皮日灼，避免树皮裂口，从而减少流胶病菌的感染，因此刷白主干对柠檬具有特殊意义。先将主干上的青苔、翘皮刷去或刮除，再将刷白剂均匀地刷于主干上。

刷白剂的配方有两种：①生石灰5千克，石硫合剂1千克，食盐0.5千克，清水15千克。②生石灰5千克，硫黄粉250克，食盐100克，兽油100克，清水适量（以调成糊状液为宜）。

第二章
苹　果

第一节　苹果矮化密植栽培的意义、
应用概况与发展前景

一、苹果矮化密植栽培的意义

苹果矮化密植栽培就是采取有效的方法降低树高和控制树冠大小，将传统的稀植大冠树栽培改变为密植小冠树栽培，充分利用光能、空间和地力，增加果园单位面积栽培株数，提高劳动生产率和增加单位面积产量。果树栽培体制由乔化稀植向矮化密植方向转变，已成为世界果树生产现代化的重要标志。同过去的乔化稀植相比，苹果矮化密植栽培具有下列突出的优越性：

1. 节约土地

矮化密植果园 1 亩能抵稀植 3 ~ 5 亩，可以充分利用光能、空间和地力。而且由于植物群落形成快、树冠对地面覆盖度大，从而对调节果园小气候、稳定土壤水分，防止水土流失起到良好的作用。更由于植株相距较近，可增强群体抗旱、抗热、抗风和抗寒能力。

2. 早结丰产

苹果矮化密植栽培 2 ~ 3 年就开始结果，5 ~ 7 年进入盛果期。而乔化稀植需要 3～5 年才开始结果，10～13 年才进入盛果期。矮化密植果园不仅结果早，进入盛产期快，而且由于矮干小冠树单株有效结果容积所占比例大、亩栽株数又多，因而群体产量极高，经济效益好，收回投资快。

3. 果实品质好

矮化密植果园由于植株矮干小冠，光照好，养分输导距离短，果实发育充分而均衡，表现为果个均匀、着色好、含糖量较高、商品果率高。同时由于易采收，果实损伤小，好果率高。特别是嫁接在矮砧上的果实还有比乔砧上提早着色成熟的优点。

4. 管理方便

矮化密植果园植株矮小，便于进行喷药、采果、修剪和其他技术操作，劳动效率可提高 1～4 倍，且节约管理成本。如矮化树喷药费用只相当于乔砧高大树冠的 2/3～3/5，最低的甚至仅为 1/4（美国报道）～1/10（日本报道）。

5. 品种更新快

当今国内外优新品种不断推出，消费口味和消费习惯变化较快，不论鲜食或加工，新品种取代老品种的周期将愈来愈短。为适应市场变化，增加收入，需及时更换良种。利用矮化密植栽培周期短、结果快、进入盛产期早的特点，可以及时更新品种，迅速满足市场需要。

二、国内外苹果矮化密植栽培概况

果树矮化密植正是由于上述优点，而为广大生产者所接受，已迅速发展成为国内外果树生产的总趋势。许多技术先进国家均大力发展矮化密植栽培（包括矮砧密植、短枝型品种或矮生品种密植、乔砧人工矮化密植）。苹果矮化是研究最早、成果最丰、生产应用最广的课题。仅从采用矮化砧嫁接良种进行矮化密植栽培这一种途径，列举部分国家近况，便可看出矮化栽培在世界苹果生产发展中的主导地位：美国近年新栽苹果树 50% 为矮砧树；苏联摩尔达维亚矮砧园已占总面积的 20% 左右；法国大力推广矮化苹果，产量跃升为世界第一位，由进口国变为出口国，目前苹果生产中 80% 以上为矮砧密植。荷兰苹果矮化密植已占 90% 以上。德国新栽苹果树全部采用矮砧密植，矮化总面积已占整个生产面积的 60%。保加利亚全国基本实现矮砧密植。捷克和斯洛伐克在新建大型商品果园中，矮砧树占 80%。南斯拉夫矮砧苹果已占 60%。波兰占 20% 左右。罗马尼亚早在 20 世纪 60 年代即已建有 18 万亩矮砧苹果园。英国矮砧密植已占苹果生产的 60%。日本也正在主产区大力推行矮砧密植，如长野县矮化苹果面积已占 30%。意大利矮砧密植面积占生产面积的 60%。朝鲜也正在大力发展矮砧密植。这些国家除上述矮砧密植面积外，若加上短枝型密植和乔砧人工矮化密植面积，其苹果矮化密植栽培的总面积将更大。

我国果树矮化栽培发展较晚，大部分苹果矮化密植果园是在 1974 年以后建立的，国家在 10 余个省（自治区）布置协作试验、示范推广均获得成功，丰产实例不胜枚举。限于篇幅，仅对三种矮化方式各举一二例。

矮砧密植：山东烟台市农业科学院果树研究所富士/M9
和富士/M7，6年生树亩产分别为3280千克和3290千
克。四川省在茂汶县用蒲江海棠作基础，以MM106、
M7和"四川矮花红"作中间砧嫁接金冠品种，2年开
花，3年结果，7年生树亩产（111株/亩）分别为3208
千克、3114千克和3033千克。陕西铜川市郊区果树场
矮化中间砧秦冠，7年生亩产3500千克。κ短枝型品种
密植：山东烟台市农业科学院果树研究所用短枝型品种
烟青按88株/亩密植，5年生亩产2889千克，6年生
5826千克。以后几年均在5500千克以上。λ乔砧矮化
密植：四川省果树研究所在越西县用山定子砧金冠密植
2.24亩，亩栽111株，扇形整枝为主。7年生树亩产达
6850千克。中国农业科学院果树研究所在陕西宝鸡建
5.55亩秦冠乔砧人工矮化密植园（亩栽178株），6年
生树亩产2293.5千克。到20世纪80年代末90年代初，
全国苹果矮化密植推广应用面积达到200余万亩。20世
纪90年代以来，我国在苹果、柑橘、梨、桃、李、葡
萄、枇杷等许多果树上都更多地推广采用了矮化密植集
约化栽培。实践充分证明，果树矮化密植可以极大地提
高单位面积产量、产值和经济效益。

三、果树矮化密植栽培的发展前景

矮化密植栽培是现代果树生产的发展主流，是我国
果树高效生产的发展方向，推行矮化密植栽培，降低成
本、增加收益、增强商品经济竞争能力，果农致富的理
智选择和最佳途径。近20多年来，通过各省（自治区）

科研、教学、生产部门的协作研究与试验示范，取得了一系列丰硕成果，筛选出了适合我国发展果树矮化密植栽培的矮化砧、短枝型矮生品种、乔砧人工矮化技术等综合配套技术，各地新建果园"矮、密、早、优、丰"栽培方兴未艾。

第二节　苹果主要优良品种和新品种

苹果属于蔷薇科苹果属。全世界苹果属植物约有 36 种，其中原产我国的有 23 种。据资料报道：目前全世界有苹果品种 9000 余个。品种虽多，但在生产上发挥主导作用的品种却不过一二十个。我国苹果生产上的栽培品种，曾经历过几次较大的变化。20 世纪 70 年代以来，富士系、元帅系、乔纳金等品种增长很快，产品质量也有很大提高。四川省苹果主产区凉山、阿坝、甘孜三州有大量的苹果最适生态区和适宜区。四川苹果的品种发展方向和结构调整宜以早熟和早中熟品种为重点。本节介绍部分早、中、晚熟品种。当然，任何一个品种都不可能适应所有产区，尤其是气候、生态、土壤、技术差异都很大的四川更是如此。各地选用品种时必须因地制宜、通过科学实验确认，避免盲目栽培而走弯路。

1. 早捷

美国品种。果实扁圆形，单果重 150 克左右；底色绿黄，覆鲜红霞和宽条纹；果面光洁，无果锈，果点小，不明显，果皮薄；果肉乳白色，肉质细，汁稍多，有香气，风味酸甜，含可溶性固形物12%左右，品质中上。6月上旬成熟。自花不孕，需栽植花期相近的品种授粉。采前有落果，需注意分期采收。果实不耐贮藏，在室内仅可存放1周左右。

2. 安娜

原产以色列。是需冷量低的品种。果实圆锥形，单果重约140克；底色黄绿，大部果面有红霞和条纹；果面光洁，果点小、稀、不明显，果皮较薄；果肉乳黄色，肉质细脆，汁较多，风味酸甜，有香气，含可溶性固形物约12.0%，品质中上或上。采前有轻微落果，产量中等。6月底7月初成熟，熟期不太一致，应注意分期采收。果实不耐贮藏。该品种自花结实能力低，应配以花期相近的品种为授粉树。

3. 藤牧1号

原产美国。果实多为短圆锥形，单果重180～200克；底色黄绿，果面大部有红霞和宽条纹，充分着色的果能达到全红；果面光滑，蜡质较多，有果粉，果点稀、不明显，果皮较薄；果肉黄白色，肉质松脆，汁较多，风味酸甜，有香气，含可溶性固形物11%～12%，品质上等。果实成熟期不一，应注意分期采收。有采前落果现象。7月初成熟。不耐贮，室温下可贮20天左右。

4. 杰西麦克

别名泽西美、泽西旭。美国品种。为欧美栽培的主要早熟品种。果实近圆形，单果重150克左右；底色黄绿，果面大部为鲜红霞、有红条纹；果面光滑，果粉稍多，果点小、不明显，果皮厚韧；果肉乳白色，肉质松脆，稍粗，汁多，风味甜酸或酸甜，有香气，含可溶性固形物 12% 左右，品质中上。采前有落果，较丰产，大小年结果不明显。6 月下旬成熟，熟期不太一致，应注意分期采收。采后在室温下可贮放 2 周左右。

5. 夏绿

日本品种。果实近圆形，有的扁圆形，单果重约 120 克；底色黄绿，光照充分的果阳面稍有浅红晕和条纹；果面有光泽，无锈，蜡质中等，果梗细长，果皮薄；果肉乳白色，肉质松脆，稍致密，汁较多，风味酸甜或甜，含可溶性固形物 11% 左右，品质上等。采前落果少，丰产、较稳产。适应性强但不抗晚霜。要搞好疏果以增大果个，注意分期适时采收。6 月底成熟。在室温下可存放 2 周左右。果实色泽欠佳，果较小，但成熟早，风味好且较丰产，可作授粉品种搭配栽培。

6. 伏帅

中国农业科学院郑州果树研究所育成。果实长圆锥形，单果重约 120 克；果实绿黄色，果面光洁、有光泽，果点明显，果皮较薄；果肉黄白色，肉质脆，汁中多，风味甜，有香气，含可溶性固形物 12%～14%，品质上乘。采前落果轻，大小年结果不明显，丰产。6 月底成熟。在早熟品种当中稍耐贮藏。

7. 辽伏

辽宁省果树研究所育成。果实短圆锥形或扁圆形，单果重 100 克左右；底色黄绿，充分成熟时阳面略有淡红条纹；果面光滑、无锈、蜡质中等，果点白色或浅褐色，果皮较薄；果肉乳白色，肉质细脆，汁多，风味淡甜，稍有香气，含可溶性固形物 11% 左右，品质中上。6 月中旬成熟。不耐贮藏，稍贮即肉质松软、风味变淡。

8. 珊莎

日本品种。果实圆锥形或近圆形，单果重约 180 克；底色淡黄，果面大部或全面鲜红，色泽美观，着色差的树冠内膛果仅阳面有橙红晕；果面光滑，梗洼常有片锈，果点较小，蜡质中等，果皮稍韧；果肉乳白色、肉质稍硬、致密；汁多，有香气，风味酸甜，含可溶性固形物 12% ~ 14%，品质上等。采前落果少，丰产。7 月下旬成熟，熟期比津轻稍早，也比津轻稍耐贮。抗黑星病、斑点落叶病。是很受重视的优良品种。

9. 津轻及其芽变

津轻及其芽变系均为日本重要的栽培品种，生产上占有较大比重。为了改善津轻果实的着色，日本各地从津轻中选出了许多着色更好的芽变系，如坂田津轻、轰系津轻、秋香、芳明等。这些芽变系除果实色泽比津轻更好之外，在生长、结果习性方面无明显的不同。我国生产者对这些着色系津轻习惯上叫做"红津轻"，现已有比较广泛的栽培。以津轻为例介绍其主要性状。

果实近圆形，单果重约 180 克；底色黄绿，阳面有红霞和红条纹，着色系津轻容易着色，果面充分着色时可达全红，色相有片红和条红两种类型；津轻果面少光泽、蜡质较少，梗洼处易生果锈，重时可达果肩户部，果点不明显，果皮薄；果肉乳白色，内质松脆，汁多，风味酸甜，稍有香气，含可溶性固形物 14% 左右。品质上乘。8 月初成熟。果实不很耐贮，采后在室内存放不超过 30 天。

10. 新嘎拉及其芽变系

别名红嘎拉、皇家嘎拉，新西兰品种。果实卵圆形或短圆锥形，单果重 150 克左右，果面有棱角；底色绿黄，全面着鲜红霞，有断续红条纹；果面无锈，有光泽，果粉少，果点不太明显，果梗细长，果皮薄；果肉淡黄色，肉质较硬，脆而致密，汁多，风味酸甜，有香气，含可溶性固形物 13% 左右，品质上等。丰产，采前落果很少。8 月上中旬成熟，熟期比嘎拉稍迟几天。果实耐贮藏。新嘎拉以果实色泽鲜艳、品质优良、耐贮藏而引人注目。栽培中注意疏花疏果，保障肥水供应，易丰产、稳产。

11. 首红

美国品种。为新红星的芽变。果实圆锥形，单果重 180 克左右，果顶五棱明显；底色黄绿或绿黄，全面浓红并隐显条纹；果面有光泽，果点小、不明显，蜡质多，果皮厚韧；果肉乳白色，肉质细脆，汁多，风味酸甜，有香气，含可溶性固形物 13% 左右，品质上等。为短枝型品种，适于密植。较丰产。抗逆性和适应性与新红星类似。8 月中旬成熟，比新红星熟期略早。采后于室温下可贮存 1 个多月。

12. 新红星

美国品种。为红星的芽变品种。在美国广为推广，后扩展到世界各主产苹果的国家（包括我国），成为著名的栽培品种。

果实圆锥形，果顶五棱突出，单果重约180克；底色黄绿、全面浓红，色相片红，着色均匀、色泽浓艳；果面富有光泽，蜡质较多，果点小、少，果皮厚韧；果肉绿白色，肉质脆硬，贮后果肉为乳白色，风味酸甜，香气浓，含可溶性固形物11%左右，品质上等。采前落果少，但采收太迟再遇大风则落果多。丰产，负载量过大可致大小年结果。适应性较广。8月底成熟。不耐贮藏，在室温下贮存1个多月果肉即开始沙化。

13. 超红

美国品种。为红星的芽变。短枝型品种。果实性状与新红星类似。果实圆锥形，单果重约180克，果顶五棱突出；底色黄绿，全面浓红、色相片红；果面蜡质多，果点小，果皮较厚韧；果肉绿白色，贮后转为乳白色，肉质脆，汁多，风味酸甜、有香气，含可溶性固形物13%左右，品质上乘。较丰产。8月下旬成熟。采后在室温下可贮存1个多月。

14. 千秋

日本品种。果实圆形或长圆形，单果重160克左右；底色绿黄，果面大部被鲜红霞和断续条纹；果面光滑，有光泽，蜡质较多，果点中多、较明显，果皮薄；果肉黄白色，肉质细、致密、汁液多，风味酸甜，稍有香气，含可溶性固形物13%～14%，品质上等。自花授粉结实率低，花粉给其他主要品种授粉亲和力强，采前落果少。丰产。9月上中旬成熟。果实较耐贮藏，在冷藏条件下可贮至次年2～3月。结果不宜过多。果实发育期间如前期干旱、后期多雨梗注处易裂口，影响贮藏。

15. 华冠

中国农业科学院郑州果树研究所育成。果实圆锥形或近圆形，单果重 170 ~ 180 克；底色绿黄，果面大部有鲜红霞和细条纹，充分着色时可全红；果顶稍显五棱，果面光洁无锈，果点稀、不明显；果肉黄白色，肉质细脆，致密，汁多，风味酸甜，有香气，含可溶性固形物 14% 左右，品质上等。采前落果轻。丰产。适应性强，对土壤要求不严，病虫害较少。对修剪不敏感。9月中旬成熟。较耐贮藏。

16. 新世界

日本品种。目前我国尚在进行生产观察。果实长圆形，有的果稍显偏斜，单果重约 250 克左右；底色黄绿，全面浓红、有暗红条纹；果面光洁，无锈，蜡质中多，稍有香气，风味甜酸、味浓，含可溶性固形物 14%~15%，品质上等。采前落果少，丰产。9 月中旬成熟。有报道称该品种果成熟度不够时有涩味，过熟时梗洼易发生裂口，故应注意适时采收。果实贮藏性不如富士系品种，在冷藏条件下可贮 5 个月左右。

17. 乔纳金及其芽变系

美国品种。目前已是世界上重要的栽培品种。我国 20 世纪 80 年代以后开始推广，在生产上已有较多栽培。

果实圆锥形，单果重 220 ~ 250 克；底色绿黄或淡黄，阳面大部有鲜红霞和不明显的断续条纹；果面光滑、有光泽，蜡质多，果点小，不明显，果皮较薄韧；果肉乳黄色，肉质松脆，中粗，汁多，风味酸甜，稍有香气，含可溶性固形物14%左右，品质上。丰产。9月中旬成熟。果实较耐贮藏，贮藏中果面分泌油蜡。乔纳金为三倍体品种，要注意配置两个二倍体品种为授粉品种。定干时宜比一般品种适当提高。

日本在1973年从乔纳金选出芽变品种新乔纳金，其生长结果习性与乔纳金相似，唯果实着色优于乔纳金，我国也有很快发展。此外，近年从国外引入的红乔纳金，也在试栽观察中。

乔纳金及其芽变系品种不仅是鲜食良种，果实还适合制汁，是优良的加工品种。

18. 富士系品种

富士系为日本品种。是日本苹果生产的主栽品种，在欧美也有广泛栽培。目前已发展为我国苹果主栽品种。

日本从富士系品种中选出了100余个在果实着色、株型、熟期方面不同的芽变系品种。如着色优良的岩富10号、长富2号等；短枝型的长富3号、官崎短枝等；熟期提前的早熟富士等。我国山东省烟台市从长富2号又选出了着色早而迅速、色泽浓红艳丽、片红的烟富1号和烟富2号；惠民县从宫崎短枝中选出了惠民短枝红富士、烟台市又从惠民短枝红富士中选出了易着色，色泽浓红的短枝型烟富6号，并且发展迅速。生产上对富士的着色系通常统称"红富士"。

富士系的果实为近圆形，有的果稍有偏斜，单果重210～250克；底色黄绿或绿黄，阳面有红霞和条纹，其着色系全果鲜红，色相分为片红型（Ⅰ系）和条红型

（Ⅱ系）两类；果面有光泽，蜡质中等，果点小、灰白色、果皮薄韧；果肉乳黄色，肉质松脆，汁液多，风味酸甜，稍有香气，含可溶性固形物13%～15%，品质上等。采前落果少，丰产，负载量过高易致大小年结果。9月底至10月中旬成熟。果实耐贮藏，在冷藏条件下可贮至次年6月。

19. 萌

又叫嘎富，果实中大，圆形，平均单果重200克左右，最大250克。果实圆形至圆锥形，果面光洁，全面浓红色；果肉白色，肉质致密，硬度中等，可溶性固形物13%～14%，苹果酸0.7%～0.8%，风味浓郁，具有嘎拉与富士的综合风味，品质优良。成熟期为7月中下旬，比藤牧一号、松本锦苹果早一周左右。

树势旺盛，半开张，新梢生长量大，萌芽力、成枝力均强，新梢叶片似嘎拉，其叶片大小近于嘎拉和富士之间，成熟时叶片沿叶脉向上凸起，是其显著特点。高接后第二年开始结果，短果枝多，有腋花芽结果习性，是一个早果丰产早熟的优良品种。萌与富士、津清、红星、辽伏苹果相互授粉，无采前落果。抗性强，抗轮纹病、斑点落叶病和早期落叶病。

20. 美国八号

美国品种。品种特性：果实近圆形，大型果，果个较整齐，无偏斜果。在江苏平均单果重240克，最大果重310克。果面光洁，无果锈，果皮底色乳黄，全面覆盖鲜红色霞彩，十分艳丽；果肉黄白，肉质细脆，多汁，风味酸甜适口，香味浓，可溶性固形物14%，品质上等。此品种有腋花芽结果习性，高接后当年形成花芽，第二年可结果，此后以短果枝结果为主，花序坐果率为85%，花朵坐果率为18%，全树坐果较均匀。树势较强，随着产量的增加渐趋中庸。萌芽力中等，成枝力较强，采前落果轻微。此品种抗性较强，较抗苹果斑点落叶病、轮纹病、白粉病、炭疽病等，并抗金纹细蛾为害。成熟期在8月上旬。

21. 红将军

日本品种，该品种果实大，近圆形，平均单果重307克，果桩高，果形指数0.86；果实色泽鲜艳，全面浓红；果肉黄白色，果肉硬度9.6千克/平方厘米，肉质细脆、多汁，可溶性固形物15.9%。风味甜酸浓郁，品质上乘。9月中旬成熟，比富士早熟30天以上；耐贮性强，不易发绵，自然贮藏可到春节。

22. 澳洲青苹

澳大利亚、新西兰的主栽品种之一。20世纪在国际市场颇受青睐，欧美等苹果主要生产国竞相发展，至今仍为重要生产品种。该品种除鲜食外兼作加工和餐用。我国目前尚栽培不多。

果实圆锥形，单果重约200克；全面翠绿色，向阳面常带有橙红至褐红晕；果面光洁、有光泽，蜡质中多，果点小、多为白色，有灰白晕圈，果皮厚韧；果肉绿白色，肉质硬脆、致密，汁多，风味酸，少香气，含可溶性固形物12%左右。因风味太酸，初采时品质仅为中等，贮后风味好。适应性较强，较丰产，但易大小年结果。在黄河故道、陕西关中地区于10月中旬成熟，在辽宁西部地区 11 月上中旬成熟。果实极耐贮藏，在冷藏条件下可贮至次年 7~8 月，贮后品质好。在长城以北地区栽培，由于果实发育日数不足而难以充分成熟，以在偏暖地区栽培比较甜适宜。

该品种在我国发展不快，主要是由于初采时鲜食风味过酸，但该品种极耐贮藏，贮后风味好，果实色泽独特，在国际市场销路好、售价高，在适宜地区是值得栽培的品种。

第三节　苹果矮化密植栽培技术

一、苹果矮化密植栽培的途径

苹果树是由优良品种嫁接在砧木上，接穗与砧木共同生活，互相影响，而不同栽培技术对树体的生长有很大影响。苹果矮化栽培分别采用矮化砧木、矮化品种、人工致矮技术三种不同的途径，均可实现矮化栽培。

（一）采用矮化砧木

砧木是果树的基础。不同砧木对果树的生长快慢、树体大小、结果早迟、品质优劣、抗性、适应性及经济寿命长短都有不同的影响。砧木可分为乔化砧和矮化砧（矮化砧若细分还可分为半矮化砧、矮化砧和极矮化砧）。我国对砧木乔化或矮化的分类标准是砧木嫁接成年树与同龄实生乔化树一样高大（5.5 米或更高）者为乔化砧，达乔砧树 2/3 高的为半矮化砧，达乔砧树 1/2 高的为矮化砧，矮化程度更甚者为极矮化砧。通过把优良苹果品种嫁接在矮化砧木上实现密植栽培，是一种简捷的途径。经过多年试验，现在广泛推广使用的矮化砧有下列几种：

1. M9

矮化砧。矮化性强，嫁接后结果早而丰产，是国内外广泛使用的矮化砧之一。嫁接后有"大脚"现象。用压条繁殖法生根较困难。适于作中间砧，而作根砧时根较浅，固地性差，作根砧则在北方寒冷地区不抗严寒。

2. M7

半矮化砧，同苹果品种嫁接亲和力强。压条易生根、根系好，繁殖系数高。土壤适应性强，较抗寒和抗旱，耐瘠薄，但不耐涝。国内外广泛应用。在我国黄河故道地区、东北地区及四川等省表现均较好，早果、丰产性强。适于作根砧和中间砧。

3. M26

矮化性介于 M9 和 M7 之间，早果性同 M9，抗寒，容易繁殖，压条生根好。与苹果品种嫁接亲和力强，但也有"大脚"现象。国内外广泛应用，早果丰产。作根砧和中间砧均可。

4. MM106

半矮化砧。同苹果品种嫁接亲和力强。砧苗生长旺盛，压条易生根，也可扦插繁殖。对土壤适应性强，较抗寒。国内外广泛应用。结果期早，丰产性强，适于作根砧和中间砧。

5. 四川矮花红

原产我国四川东部。经鉴定，为普通花红的四倍体变异。在四川省内进行多年生产试验表明是一种优良半矮化砧，其矮化性与 M7 或 MM106 相当。嫁接苹果品种亲和力强，砧穗粗度一致。嫁接后三年结果，产量上升很快，丰产性强，果实品质好。主要用作中间砧。

6. 小金海棠

原产四川阿坝地区。优良半矮化砧，同苹果品种嫁接亲和力强，无"大小脚"现象。具有无融合生殖特性，即可以通过播种实生繁殖，后代仍保持母树特性，因此该砧木繁殖容易，育苗快。主要用作根砧，抗旱、耐涝、耐瘠薄，较耐寒，土壤适应性广，能在 pH 值 8.3 ~ 8.6 的碱性土壤条件下正常生长。结果早，品质好。

7. S20 和 S63

两者均是从原产地山西省武乡海棠中选出的优系。S20 为矮化砧，S63 为半矮化砧，均适于作中间砧使用。耐寒，适应性强，结果早，果实品质优。在山西、河南表现好，其他省区亦有试栽。

8. 崂山奈子

原产我国的无性系矮化砧资源。其矮化性、早果性近于 M9（但在某些地区表现为半矮化，其矮化性与 M7 或 MM106 相当）。嫁接亲和力强，砧穗粗度一致，可用压条繁殖，但生根量较少，可作根砧和中间砧。

其他常用矮化砧还有英国的 M4、M8、M27（极矮化砧）、MM104、MM111，波兰的 P2、P16、P22，苏联的 B9，我国吉林农业大学育成的抗寒矮化砧 63 - 2 - 19、山西农业大学育成的晋矮 1 号等。另外，陇东海棠（甘肃海棠）、樱桃叶海棠和湖北海棠也发现了一些矮化类型。还有试验用木旬子（毛叶水木旬子）和牛筋条试作苹果矮化砧。

（二）采用矮生品种

苹果的矮生品种又叫短枝型品种，是从普通苹果品种中选出的生长矮小、紧凑、早结果和适于密植的一类品种。其最大特点是枝条节间短，长枝少，短枝多，树体矮小，易成花，坐果率高。利用矮化品种，即使嫁接在普通砧木上也可实现矮化栽培。国内外都选育出不少优良的或有希望的矮化品种，目前生产中应用的矮化品种主要有以下几种，可供不同地区参考选用。

1. 金冠系矮化品种

金矮生、弗雷泽金矮生（极矮化型）、斯塔克矮金冠、黄矮生、纳吉特、弗拉贝格。

2. 元帅系矮化品种

新红星、阿物沃德矮生、奥卡诺马、矮天、烟红、玫瑰红、五龙红。红星矮化品种有超红（着色比新红星更艳丽）、艳红（现有矮化品种中着色最佳者）、魁红、红矮生、皇家斯图尔特、克劳森矮生、抗寒矮生、米勒矮生、摩尔矮生、韦恩矮生、早条红、俄勒冈矮生、红里格尔。

3. 富士系矮化品种

长富3号、宫崎短枝、惠民短枝、烟富6号。

4. 旭矮化品种

旭短枝A、旭短枝B、旭短枝C、旭短枝D、旭短枝E。

5. 青香蕉矮化品种

烟青。

（三）乔砧人工矮化技术

多数矮化砧木只能采用无性繁殖方法（嫁接、扦插、压条等）来繁育砧苗，难于短期内大批量育苗，不如播种实生乔砧方便，加之有的地区缺乏矮化砧资源和矮化品种资源，或气候土壤类型不适于采用矮化砧，只能用实生乔化砧嫁接苹果苗。对于这种情况，国内外大量试验和生产实践已经证明，可以通过人工矮化技术控制其旺盛生长，达到矮化密植丰产的目的。但这种技术要求管理水平需较高，尤其是投产数年后要注意控制树势，否则极易造成树高冠密，通风透光差，使矮化密植失败。

人工致矮技术主要有以下几方面：

1. 利用某些生态环境条件

即向乔砧苹果树提供不适宜的某些生长条件来达到适度抑制旺盛生长的目的。例如，海拔较高的山地，光照强、日光紫外线破坏部分生长素，减弱顶端优势和细胞伸长，导致树体矮小。在苹果能适应的范围内，海拔越高，矮化效果越明显。不良的气候条件也能抑制树体旺长，如美国的试验，将一些在北方地区比南方地区表现更好的品种移栽于南方地区，而把南方地区适宜的品种栽到北方地区，也有矮化效应，利用生态环境条件促进矮化要注意品种的选择，应选择环境条件对生长影响较大而对结果影响相对较小的品种，才不致失去经济效益。单株产量即使受到较小影响，但由于可以加大密度栽植，亩产仍然较高。

2. 采用树冠矮小的适宜树形

如各类纺锤形（包括扁纺锤形、自由纺锤形、细长纺锤形等）、各类扇形（折叠式扇形、直线延伸扇形、水平台阶式扇形、弓式扇形）、单层半圆形、圆柱形、篱壁形等。

3. 控肥控水控根，抑制营养生长

通过控制养分，尤其是适量减少氮肥的供应，可以抑制苹果树强烈的营养生长，诱导花芽分化，提早结果。

改变供肥方法，如生长期中叶面喷肥，光合作用制造的光合产物在叶内就同喷布吸收的氮素等作用，而运输到根的养分减少，限制了根从土壤中吸收养分，从而使树体生长势显著减弱。

在树势旺的情况下不灌水或少灌水及雨季注重排水，比经常灌水的树新梢生长明显减弱，形成花芽量增多。

根是吸收水肥的器官，减少或抑制根系也就抑制了树体的营养生长，从而有利于控制树体大小和促进成花结果。控根的方法很多，如结合果园深翻土施有机肥，可以切断部分根系。按移栽起苗方式进行断根而不移树，也能收到很好的控根抑长效果，如果每年或隔年进行一次上述幼树断根处理，营养生长将会著显减弱。另外也可利用地下水位或山地浅土层（30~40厘米土层）等自然条件控制垂直主根的生长。另如弯曲垂直根、圈根、根系打结、撕裂垂直根等控根方法，都有减弱营养生长控制树冠迅速扩大的作用。

4. 采用各类修剪等"外科手术"促开花结果"以果压冠"

乔砧苹果树生长旺、结果迟，投产之前树体主要营养物质都用以供叶、枝、根的生长，使树体不断扩大。而开花结果时，许多养分转向供应开花和果实的发育，相应减弱营养生长，树体扩大减慢。因此，通过一系列"外科手术"促其早结果多结果，以果压冠，是抑制树体迅速扩大最有效的措施。具体技术操作在后面整形修剪一节中详述。此处概略地讲，就是通过夏季修剪与冬季修剪加大枝角、削弱顶端优势，生长期摘心、环剥或环割、拉枝、拿枝、扭梢、圈枝等方法控制旺长，促进花芽形成。采取短枝型修剪方式促进枝条基部潜伏芽萌发出枝，培养成短枝型果枝和枝组。调节结果部位和产量，均匀协调地抑制树体生长。

5. 喷布植物长生调节剂抑制旺长促进开花结果

目前常用的生长抑制剂有比久（B_9）、乙烯利、矮壮素（CCC）、多效唑（PP_{333}）等，具体使用技术及效果在后面整形修剪中详述。

二、矮化苹果苗的育苗技术

苹果矮化栽培要获得早结果、高产、优质和高效益，选择良种良砧培育优质壮苗是基础。

（一）苗圃地的选择条件

1. 土壤

砂质壤土或轻黏壤土，土壤酸碱度以中性育苗最佳。

2．地势

地势平坦宽敞，坡度宜小于 5 度或建成等高梯地，坡高宜背风向阳。

3．水源

水源充足，排水良好，地下水位 1.5 ~ 2 米以下。

4．交通运输方便。

5．不能在原苹果苗圃或苹果园地中连作，轮作年限一般间隔 3 ~ 4 年。

选好苗圃后，地内整修成水平小畦，每畦宽约 1.2 米，每亩约做成 44 畦。苗圃地需肥量高，整地前施足底肥（亩施腐熟厩肥 2500 千克以上，过磷酸钙 15 ~ 20 千克），地面喷洒农药消毒防虫。畦面整平、耙细备用。

（二）砧木苗的培育

1．砧木实生苗的培育

普通砧木绝大多数是乔化砧类型。用播种法培育普通砧实生苗，一是用于嫁接品种后进行乔砧人工矮化栽培；二是供培育矮化中间砧苹果苗时用作基砧（根砧）。半矮化砧小金海棠属无融合生殖类型，实生播种后代不变异，因此可以播种繁殖砧苗。

（1）实生砧种类的选择　我国是世界上苹果砧木种类最丰富的国家，由于各地地理气候自然条件复杂多样，因而都有本地区相适应的乔砧种类。综合各地生产经验和研究成果，四川省适合的砧木种类有：山荆子（川西北、川西南山区）、丽江山定子（凉山、西昌等地）、变叶海棠（川西北部、东北部）、小金海棠、湖北海棠（蒲江海棠）、秋子（简阳秋子）、花红（四川矮花红)。

(2) 种子的采集与层积　从性状纯正、发育健壮和无危险性病虫害的优良母株上采种，在果实的种子充分成熟时采集。取充实饱满种子，去杂洗净阴干（不能暴晒烘烤），然后置通风干燥处保存备用，当年采种最好当年使用。苹果砧木种子必须经过低温层积过程，播种后才能发芽生长。层积方法通常采取在背阴处地中挖30～50厘米深沟，将1份种子10份湿沙拌匀，铺10～30厘米厚，上面再适当覆盖，防雨、防冻、防虫鼠。层积温度保持在0℃～5℃或2℃～7℃为宜，同时保持一定湿度和空气。注意经常检查，翻动层积的种子以防发霉.

当年秋播的种子可在田间自然条件下通过层积，但次年春播的种子则必须在播种前提前进行层积处理，以保证种子通过后熟过程。在南方一些冬季较温暖地区，自然低温时间短，为克服这一不足，也可利用电冰箱调到0℃～7℃进行种子低温层积处理，但要注意保持沙的湿度，并防止温度过低冻伤种子。

不同砧木种类需要层积的天数不一样。一般秋子80～100天，西府海棠和三叶海棠40～60天，山荆子、河南海棠、湖北海棠30～50天，花红50～70天，新疆野苹果90天，苹果种子60～80天。层积时间过久，出苗率也会降低。

(3) 播种与移栽　播种时期有秋（冬）播和春播两种。播种方法主要为条播，珍贵种子也可点播（行距50厘米、穴距20厘米，每穴播4～8粒）。由于不同砧木种子大小不同，因而每亩需种量不一样，若以亩成苗数 6000 株计，则山荆子、丽江山定子每亩条播需种量 0.75 ~ 1 千克，海棠果 1 ~ 1.5 千克，秋子、西府海棠 1.5 ~ 2 千克，野苹果 3 ~ 4 千克，沙果 1 ~ 2.3 千克。播种的适宜深度应根据种子大小、土壤性质以及气候条件综合考虑，一般深度在种子大小的 1 ~ 5 倍为宜，土壤较黏播种可适当浅些，干旱地区则可深些，秋冬播种的可比春播的深些。

当幼苗长到 2 ~ 3 片真叶时（约 3 月下旬至 4 月上旬）进行移栽。栽前要整地作畦，土壤先浇水，晾干地面再栽。栽时顺畦向开深、宽各 4 ~ 5 厘米的小沟，沟内分段浇水，随即栽苗，子叶与地面平为好，随栽随覆土。行距 30 厘米左右，株距 15 厘米左右，每畦 3 行，每亩不宜超过 1 万株。移栽后勤中耕除草，勤施薄施，加强肥水管理。7 月上旬左右苗高 20 ~ 30 厘米时摘心有利砧苗增粗。此法栽植成活率高。砧苗生长整齐，当年秋季可全部嫁接。

2. 矮化砧自根苗的培育

除小金海棠外，现有矮化砧是通过营养繁殖而来，不能采用播种育苗。为了培育矮化砧苹果苗，要先培育矮化砧自根苗，以后嫁接苹果品种。矮砧自根苗培育主要有三种方法。

（1）直立压条法 春栽母株（矮砧自根苗或嫁接在乔化实生砧上的矮砧苗），按 2 米行距开沟作垄，沟的深、宽均为 30 ~ 40 厘米，垄高 30 厘米，定植株距为 30 ~ 50 厘米。萌芽前母株留 15 ~ 20 厘米短截，促使发萌蘖枝。当新梢长达 15 ~ 20 厘米时进行第一次培土，培土高度为新梢长度的 1/2，宽度约 25 厘米。约一个月后新梢长达 40 厘米时进行第二次培土，培土总高度约 30 厘米、宽约 40 厘米。培土前应先灌水或雨后培土，培土后注意保持土堆湿润，一般培土 20 天左右开始生根，入冬前可分株。分株起苗时先扒开土堆，从每个生根萌蘖基部，靠近母株处留 2 厘米短桩剪截（未生根的萌蘖也应同时短截），然后重新适量埋土，防止留下芽眼冻干，第二年春天再将土堆扒开，促使基部芽眼萌发。一般情况下，头年定植第二年短截并培土繁殖的比当年栽当年压条繁殖的效果好得多。

（2）水平压条法　　母株按行距 1.5 厘米（开沟作垄）、株距 30 ~ 50 厘米定植，植株与沟底呈 45 度角倾斜栽植，待枝条发芽时即可压条（早春定植者当年就可压条），将枝条压入 3 ~ 5 厘米浅沟内，覆少量细土，使其黄化。用枝杈固定苗木压倒姿态。待新梢长到 15 ~ 20 厘米时第二次覆土，隔一个月左右第三次覆土，共覆土 30 厘米厚。覆土时间选在灌水或雨后。入冬分株时应保留 1 ~ 2 个母株枝条，留供来年每次水平压条。水平压条法比直立压条法繁殖系数高 2 ~ 3 倍。

实践中也可综合运用水平压条法和直立压条法，如建园初期可采用水平压条法以提高出苗率，几年后可采用直立压条法，简化压条措施。

（3）扦插繁殖法　　不同矮化砧种类扦插生根的难易程度有很大差异。如 M7、M26、M27 和 M106 等扦插较易生根，而有的砧种则不易生根。为了提高生根率，目前常采用诱根激素处理插条。常用激素有萘乙酸（NAA）、吲哚乙酸（IAA）、吲哚丁酸（IBA）以及一些商品生根剂（如 ABT 生根粉）等。可采用硬枝、嫩枝和根三种材料进行扦插。插条长 20～25 厘米。可用低浓度生长激素浸泡插条基部（数小时至 24 小时），也可采用高浓度速蘸浸数秒钟后即可扦插。扦插后要经常保持土壤湿润。

3. 矮化中间砧苹果苗的培育

先在普通实生砧上嫁接矮化砧品种，成活抽枝粗度适宜时（当年秋或次年春）再在矮化砧段上距实生砧嫁接口 25 厘米左右处嫁接苹果品种，由于这 25 厘米左右长的矮化砧段位置居于根砧（基砧）和苹果品种接穗之间，故称为中间砧。培育矮化中间砧苹果苗技术并不复杂，只是需嫁接两次。但要注意的是中间砧段的长度（约 25 厘米）要尽量一致，否则定植后各株的矮化效应不一致，树体高矮参差不齐，不便进行管理。

（三）嫁接技术

苹果嫁接可在春季和夏秋季进行。接穗品种要选取当地适应性强、丰产优质、经济效益高的优良品种，从品种纯正、生长健壮、无检疫性病虫害的优良母株上取树冠外围生长充实、芽子饱满的营养枝中段作接穗。春季嫁接用的接穗应在发芽前剪取，也可利用冬季修剪时收集接穗（在冷凉处埋入 10～15 厘米厚的湿沙中，防止干枯霉烂）。夏秋季嫁接用的接穗最好随采随用，采下立即剪除叶片仅保留叶柄，用湿布包好带到苗圃嫁接。

嫁接方法有芽接法和枝接法两种。芽接法春、夏、秋三季均可进行，枝接法一般在春季发芽前进行。

1. 芽接法

本法易操作，工效高，成活好，省接穗，可嫁接期长。生产中多采用"T"形芽接法和嵌芽接法。

（1）"T"形芽接法（盾状芽接法）　从芽上方0.5厘米处横切一刀，深达木质部，然后从芽下1～1.5厘米处进刀由下往上向芽的方向削去，取下芽片。芽片呈上大下小状，长1.5～2.5厘米，宽0.6厘米左右。将芽片木质部小心除去，但须保留芽片内侧的维管束。砧木上开"T"字形切口，剥开皮层插入接芽，芽片上端与砧木"T"形横切口密接，用塑料薄膜带绑牢。

（2）嵌芽接法　是一种带木质部的单芽接法。芽片形状是上小下大。削接穗时，先从芽的上方1厘米处往下削，深达木质部，然后在芽的下方0.5厘米处稍斜横切一刀（呈30度角），深达木质部，即可取下芽片。芽片木质部不除去。砧木的切口比芽片稍长，插入芽片后能使上端露出一线砧木皮层，用塑料薄膜带绑牢。

2. 枝接法

枝接法种类较多，生产中主要用切接、劈接和皮下接法。

（1）切接法　适用于粗1厘米以上的砧木。接穗以1～2芽，长5～8厘米为宜。长削面在顶芽的同侧，长3厘米左右，其对侧的短削面长1厘米以内。剪砧削平砧木断面，于木质部边缘直切，使切口的长、宽与接穗的长削面相等，插入接穗，对准形成层，将砧木切口皮层包于接穗外面，用塑料薄膜带绑牢。

（2）**劈接法** 适于较粗的砧木。接穗留 2~4 个芽，在芽的两侧各削 3 厘米长的削面成楔形，使有接芽的一侧较厚，另一侧较薄。剪砧削平砧木断面，于断面中心处下劈，深度与接穗削面相同。将接穗宽面朝外插入劈口，对准形成层，削面上端应高出砧木切口 0.1 厘米。薄膜带绑牢。

（3）**皮下枝接法** 在砧木较粗和离皮时应用。接穗留 2 个芽以上，在芽的同侧削 2~3 厘米长的削面，在其反面的下端两边际各斜打一刀，削去 0.2~0.3 厘米的皮层。砧木开"T"形或一竖口插入接穗，对齐绑牢。

采用上述嫁接方法，可以繁育乔砧苹果苗、矮化自根砧苹果苗和矮化中间砧苹果苗。

矮化中间砧苹果苗由于多一次嫁接程序，通常需要比一般嫁接苗晚一年出圃。为了加快育苗过程，达到两年出圃，可以采用以下几种方法：

①第一年春播种培育基砧实生苗，秋季嫁接矮化砧，第二年春剪砧，促矮化中间砧接芽生长，夏季再嫁接苹果品种，促萌发当年成苗。此法要求较高的肥水管理水平。

②二重枝接法：先把苹果品种接穗嫁接到欲作中间砧的矮化砧上，然后再把嫁接有苹果品种接穗的矮化砧段剪下作为长枝接穗嫁接到基砧上，使分年两次嫁接繁殖的过程在一年内一次完成。此法宜采用切接法或劈接法，品种接穗宜短。二者嫁接后绑缚需特别严密。

③分段嫁接法：本法是芽接与枝接相结合快速培育

矮化中间砧苹果苗的一种方法。秋季在矮化砧枝条上每隔25～30厘米分段芽接一个苹果品种的芽片。第二年春季将这些矮化砧枝分段剪截，使每段枝条的顶部带有一个成活的品种芽，以这些枝段作枝接接穗，用皮下接或劈接等方法嫁接到基砧上。

关于嫁接苗的管理，要注意嫁接后10天左右开始检查成活情况。适时解除绑缚物或及时补接。芽接苗在次年春剪砧。枝接的接穗萌发后留一个旺梢培养，其余抹除，等新苗基部木质化后解除绑缚物。生长期间注意除萌，及时中耕除草，追肥灌水，防治病虫。出圃起苗时尽量保持根系完整，避免损伤枝干和芽，土壤干旱时应先浇水，过一两天后起苗，若运程不远，起苗时根部最好带土团以利定植成活。

第四节　苹果矮化密植栽培技术

一、密植与计划密植

1. 栽植方式

苹果密植园行向一般采用南北向。栽植方式有正方形、长方形、三角形、带状栽植（双行或多行栽植）、等高栽植（适于梯地、等高撩壕地采用）。实践证明多数情况下以长方形栽植较好，即宽行密植，行距大于株距，果园内通风透光良好，便于管理。

2. 栽植密度

苹果密植园丰产的重要原因是密度大，土地与光能利用率高。但密度过大则造成光照不足或分配不均，通透性差，树冠下部枝条干枯，结果部位上移，产量与品质均下降，不便管理而且费工。因此，要根据具体情况决定合理栽培密度。不同矮化途径适宜密度分述如下。

（1）乔化砧苹果密植园每亩可栽 22～83 株，以 27～44 株为主。即株行距为 5 米×6 米～2 米×4 米，以 3 米×5 米和 4 米×6 米为主。

（2）短枝型品种密植园每亩可栽 55～83 株（株行距 3 米×4 米～2 米×4 米）。若在土壤瘠薄、坡旱地条件下，每亩可栽 111 株（株行距 2 米×3 米）。

（3）矮化砧密植园根据不同砧种矮化程度不同，其密度可分别为：矮化砧（M8、M9、S20、M26 等）每亩栽 83～148 株（1.5 米×3 米、2 米×4 米为主）；半矮化砧（M4、M7、MM106、四川矮花红、崂山奈子、小金海棠、S63 等）每亩 55～111 株，株行距 3 米×4 米和 2 米×4 米为主。另一些半乔化砧或砧穗组合，可考虑亩栽 33～83 株，株行距以 3 米×4.5 米左右为主。

3. 计划密植

矮化密植果园投产早，产量上升快，但后期树体易密郁。乔砧稀植果园投产晚，前期浪费地力和光能，但后期因树体高大，单株产量高。为了综合稀植与密植的优点，避免二者的缺点，可以采取计划密植（又叫变化密植）的方式。即采用先高度密植，以后逐渐抽稀的办法，将乔化砧与矮化砧树按一定位置和比例搭配混栽，先矮化密植后乔化稀植，把植株预先分别设定为"永久（长期）植株"和"临时（短期）植株"，按计划进行密植，待到若干年后密植园内树冠郁闭时，将临时加密植株（可用矮砧植株，也可用乔砧树）逐步压缩、控制、移栽或间伐，留下永久植株保持后期高产。这种计划密植方式对于果园早结、高产、持续稳产、增加产值效果显著。除按上述乔矮混栽计划密植外，也可用全部矮化树或全部乔化树进行计划密植。

4. 定植

如果远地购回苗木，因失水较多，应立即解包用水浸根一昼夜，让其充分吸水，然后将根打泥浆再进行定植。

定植前应事先深翻改土挖好植穴。密植园由于株距较近，一般宜挖定植沟。沟的深度和宽度一般为 0.8 ~ 1.0 米（若挖定植穴，长、宽、深亦按此规格见方）。穴底或沟底施入玉米秆、麦草、青草树叶等约 20 厘米厚，并将挖出的泥土按每穴 20 ~ 50 千克有机肥（渣肥、腐熟厩肥、圈肥等）同泥土混匀填入。可后填表土部分，亦可先填表土，上部再取周围表土填入。填土略高于地面成浅丘状，栽苗时把丘顶刨一小坑使苗木根系能自然伸展，慢慢填上细土，边填边轻压按实，最后在苗木四周筑直径 1 米的水盘，充分灌水使土壤沉实与根系紧密接触（这次浇水称为"定根水"，对保证成活至关重要）。栽植的深度不可太浅太深，掌握在浇水沉实后苗木根颈与地面相齐。栽后及时定干并加强管理。

5. 矮化密植品种的选择和授粉品种配置

主栽品种的选择除了应考虑适应性强、丰产优质、有市场竞争力外，还必须考虑不同品种由于生长结果特性不同，矮化密植的效果也不一样。一般说来，最适于矮化密植的品种是金冠、鸡冠、秦冠、胜利及所有元帅系、富士系旭等短枝型品种。这些品种丰产性强，对修剪反应不敏感，树冠易控制。较适于矮化密植的品种有赤阳、葵花、翠秋、甜黄奎等，它们成花力强（但着果率稍低）、树冠较直立紧凑，对修剪反应不十分敏感。国光、青香蕉、国庆及富士、元帅系普通型品种树体大、早期成花力差、坐果率低，对修剪反应较敏感或非常敏感，用于矮化密植时要求较高的技术水平才能达到早期丰产，才能避免树冠迅速扩大形成交叠郁闭。

苹果大多数品种自花授粉不能结果或结果少，必须配置优良授粉品种。不同主栽品种适宜的授粉品种见表2-1。

表2-1 部分苹果主栽品种的授粉品种

主栽品种	授粉品种
金冠	红星、青香蕉、甜香蕉、赤阳、祝、鸡冠、辽伏
红星、红冠、元帅	金冠、鸡冠、青香蕉、甜香蕉、赤阳、祝
红富士	红星、金冠、国光
津轻	红玉、嘎粒、元帅、红星、红冠
嘎粒	津轻、红玉、元帅、红星、红冠
甜黄魁	红星、金冠、青香蕉
辽伏	金冠、祝、伏锦、甜黄魁
青香蕉	红星、金冠、甜香蕉、国光、祝、赤阳
甜香蕉（印度）	红星、金冠、祝
祝	红星、金冠、青香蕉、甜香蕉
红祝	红星、金冠、祝

授粉树在果园中配置方法很多，在小型果园中，授粉树常用中心式配置，即一株授粉树周围栽8株主栽品种（正方形或长方形栽植方式）。在大型果园中可按行列式配置，即沿果园小区的长边方向，每栽4行主栽品种就配1行授粉品种（形成每两行主栽品种的一侧相邻有一行授粉品种即2：1差量式配置），或每4行主栽品种配4行授粉品种（形成2：2或4：4等量式配置）。在梯田化坡地，则可按梯田行数间隔栽植，即等高行列式配置。在大风地区，主栽品种同授粉品种间隔的行数应当少些以利充分传粉。在丘陵山地果园，授粉品种应设在主栽品种的上方（具体配置仍按上述方法）。

需注意的是，采用计划密植，必须事先考虑到在永久植株位置上适当配好授粉树，以免后期间伐疏移后只剩下主栽品种，永久株会因缺乏授粉树而难发挥后期高产效益。

二、土肥水管理技术要点

1. 土壤管理

苹果性喜中性至微酸性、土层深厚、透气性好、保肥蓄水力强的沙壤土和壤土。目前我国苹果园实行的土壤管理制度主要是全园清耕制，保持地面疏松无杂草。这种管理制度虽有较多优点，但缺点是费工、浪费地力、破坏土壤结构、伤表层根较多、地表温度过高且变幅大。山地果园清耕会引起水土流失严重，影响果树发育和产量提高。因此，结合我国农村实际情况，较先进的土壤管理方式应采取树盘或树带清耕，而行间及非树带清耕的株间则种绿肥和生草。树盘可用地膜覆盖或树盘覆草（稻草、麦秆、豆秸叶、堆厩肥、野草、锯末等），均有利保持水肥，增加土壤营养，防止冲刷。

随着树冠的扩大，每年应进行深翻扩穴，有利树体发育和产量提高。

果园间作经济作物可以充分利用前期园地和光能，增加矮化密植园早期收入。但密植园行间一般较窄，利用年限也较短，在选用间作物上要与稀植园有所区别。密植园内间作物应选生长期短、吸收水肥少、植株低矮、能提高地力的作物，且要与苹果无共同病虫害或非苹果病虫害的中间寄主。较好的有草莓、花生、黑豆、黄豆、豌豆、马铃薯等作物及白芍、地黄等药材。间作时要留出足够的树行宽度，不能满行间作。随着树冠扩大，间作宽度要逐渐缩窄直至停止间作。要注重对间作物施肥以避免其同苹果树争夺肥水。同时间作物应轮作倒茬或隔行种，逐渐轮换。

2. 施肥

苹果树每年需从土壤中吸取大量的养分，供根、枝叶生长和开花结果。矮化密植果园株数多、结果早、前期产量高，对土壤养分消耗多，必须充分重视施肥，方能获得高的经济效益。一般每年施肥4次，即基肥1次，追肥2~3次。

（1）基肥 基肥是在较长时期内供给苹果树养分的基础肥料。主要是一些迟效性有机肥，在我国多为农家肥，如畜禽肥、厩肥、土肥、熏肥、秸秆肥、饼肥、绿肥、骨粉等，还有迟效性化肥如过磷酸钙、磷矿粉、钢渣磷肥等，这些迟效性化肥施用前要与上述有机肥料混合沤制腐熟后施用效果才好（例如，过磷酸钙可按3%~5%的比例加入厩肥中腐熟）。由于基肥主要是迟效有机肥，释放养分持续时间较长，并含有多种营养元素，可以全年缓慢而持久地向树体供给营养。此外施基肥还可改良土壤结构，调整土壤酸碱度。基肥施用时间宜在秋季即采收后施用，这段时间苹果树根系有一次生长高峰，施肥后被挖伤根系伤口愈合快，并能很快吸收养分，当年就能利用，同时又能将吸收的养分贮藏在树体中休眠越冬，次年及早发挥效力。另外，基肥经秋冬长期的分解释放，次年春果树发芽后就可及时吸收利用，肥效发挥较快。如春施基肥则伤根不能很快愈合，肥效发挥慢，不能及时吸收利用，到后期肥效发挥时正好造成新梢二次旺长，对苹果花芽分化和果实发育都不利。因此基肥应在秋季施入，且宜早不宜晚。

由于基肥是一年中最重要且发挥作用时间最长的肥料，因此一年中大部分的肥料（60%以上）要在此次施入。各地土壤肥力、品种、树龄、产量不同，基肥施用量也有差异，一般可根据土壤肥力和树龄确定适宜的施肥量。对幼树若土壤肥力较好，且定植前已施足底肥，可以在3~4年生开始结果时施用基肥，株施厩肥20~30千克，或亩施2500~5000千克。若土质差，则可提前开始施用基肥，数量同上。盛果期苹果树树势趋缓，产量高，树冠大，土壤肥力显著降低，为了获得连年优质丰产，必须加大基肥施用量。如果将肥料有效成分折算为施肥量，亩产2000千克以上的苹果园，有机肥施

用量一般要达到"1 千克果 1 千克肥"的水平；亩产
2500～3500 千克的丰产园，施肥量要达到"1 千克果
1.5 千克肥"的水平；亩产 5000 千克以上的高额丰产
园，有机肥施用量要达到"1 千克果 2 千克肥"的水
平。因而盛果期基肥施用量应达到每亩 3000～5000 千
克或株施 30～50 千克左右。

基肥施用方法主要采用沟施和普撒翻入两种方法。
沟施是在树冠边缘滴水线处挖数条沟施入，肥与表土混
合或分层法施入。可挖环状沟、放射状沟，每年轮换一
个方位，2～3 年便可沿树冠或株间普挖一遍。此后采用
行间挖沟施入基肥，从而实现全园土壤普挖一遍。之后
则可采用地面普施翻入地下的方法施基肥。以后再按上
述各法再从头轮换。

（2）追肥 追肥又叫补肥。苹果在年生长期中有些
时期对某些养分需求量大，在施足基肥的基础上及时通
过追肥补充方能满足其生长结果和提高品质的需要。追
肥的时期和次数要根据气候、土壤、树龄和结果状况而
定，一般高温多雨和沙质土，追肥宜少量多次。结果
树、高产树，追肥次数宜多。通常每年追肥 2～3 次。
第一次在花前（宜早不宜晚），以追氮为主，促进春梢
营养生长健壮、整齐；第二次在果实膨大和花芽分化期
（春梢将近停长时），以追施磷、钾肥为主，促进幼果发
育和花芽分化，增强光合作用；第三次在果实生长后期
（秋梢停长），以追施氮、钾肥为主，增大果实，提高品
质，并防止叶片过早衰退，维持其后期光合作用功能以
及增加贮藏营养的积累。

追肥种类多为化学速效肥，氮肥有尿素、硝酸铵、硫酸铵、碳酸氢铵等；磷钾肥如磷酸二氢钾、硫酸钾、磷酸钾及含磷钾的复合肥等；也可结合一些迟效性化肥如过磷酸钙、磷矿粉等。前期追肥以氮肥为主，后期氮磷钾肥配合使用。盛果期挂果多的树要在果实速长期增加一次追肥，追肥种类前期氮、磷肥为主，配合钾肥，后期要增施磷、钾肥。此期要注意做到看树追肥，根据实际情况酌情增减次数及调整追肥种类和比例。

几次追肥总用量占全年用肥量的40%左右。一般苹果园施肥中氮、磷、钾三要素比例按1∶0.5∶1，丰产园可按1.3∶1∶1。氮肥主要是助枝叶生长，故幼树追施氮肥时不宜过多，一般1~2年生树每次每株常用碳酸氢铵200克（或尿素50克），3~4年生树每次株施碳酸氢铵1000克（或尿素250克）。

追肥方法主要是土施，可以开沟（深20厘米、宽20~30厘米）施入，也可土面撒施并轻轻翻入土内，然后浇水。

（3）根外追肥　又叫叶面追肥、叶面喷肥，是把肥料配成一定浓度的溶液用喷雾器喷布到叶上（主要喷叶背），通过叶片吸收的一种施肥方法。它是土壤追肥的一种补充辅助措施。也可同喷药结合进行。该法简单易行，用肥省，发挥作用快，并可避免某些肥料元素在土壤中的化学和生物的固定作用。常用以供应急需或矫正某些缺素症。

根外追肥一般在生长季节进行，如开花前、落花后、花芽分化前、果实速长期及采后，其适喷期、适宜浓度和效果见表2-2。

表2-2 苹果树根外追肥的适宜时期和浓度

时　　期	肥料种类	浓度（％）	效　　果
开花到采果前	尿素	0.3～0.5	提高产量，促进生长发育
同上	硫酸铵	0.1～0.2	同上
新梢停止生长	过磷酸钙（浸出液）	1.0～3.0	有利于花芽分化，提高果实品质
生理落果后、采果前	草木灰（浸出液）	2.0～3.0	同上
同上	硫酸钾	0.3～0.5	同上
同上	磷酸二氢钾	0.3～0.5	同上
萌芽前3～4周	硫酸锌	0.2～0.3	防治小叶病
发芽后	硫酸锌	3～5	同上
盛花期	硼酸	1.0	提高坐果率
生长季	柠檬酸铁	0.05～0.1	防缺铁黄叶病

注：草木灰浸出液不能与尿素混施。草木灰浸出液制法：4千克草木灰加100千克水浸泡48小时过滤即成。

根外追肥要着重喷在叶背。一般2～3小时就可开始吸收。为了延长叶的吸收时间，提高肥效，宜在上午10时以前或下午4时以后进行，此时气温较低，叶片上肥液蒸发慢，便于吸收。中午气温高、蒸发快，肥效差，有时还会因肥液很快浓缩灼伤叶片造成肥害。

根外追肥虽是一种有效的追肥技术，但喷后主要是供叶、果和附近组织吸收利用，根系等其他器官不易利用，长期喷肥而不土壤供肥会影响根系生长，且喷肥有效性一般仅为 12～15 天，因此根外追肥只能是在土壤施肥、追肥基础上的一种迅速补充营养的辅助措施，决不能代替土壤施肥。

　　3. 灌溉与排涝

　　最适于苹果生长的土壤水分含量为田间最大持水量（饱和含水量）的 60%～80%，低于田间持水量的 60% 时即需灌水。但这个指标一些果农不易掌握和测定，可以根据下面经验判断——如土壤或沙壤手握能成团再挤压不易碎散，说明土壤湿度在最大持水量的 50% 以上，暂可不必灌水。如手握松开后不能成团，或勉强成团但轻压易散，表明土壤湿度太低，须进行灌溉。

　　从季节特点考虑，有三个时期应考虑是否灌溉。一是我国多数地区有冬春干旱现象。二是苹果谢花后新梢迅速生长期，对水分需要最敏感，称为"需水临界期"。此期缺水易造成新梢短、叶片小、落果减产。三是 6～8 月，气温高，蒸发量大，不少地区有伏旱，是全年需水最多的时期。因此根据这些实际情况可考虑灌水基本次数为三次：即萌芽前、谢花后和夏秋伏旱期。此外寒冷地区（四川省极少）封冻前可在 11～12 月灌封冻水，防止抽条，有利于苹果树越冬。

　　许多试验表明，生长季中前期（春梢停长前）保持较高的土壤湿度，而果实成长期维持中等水平的土壤湿度是较为理想的苹果土壤供水指标。

　　四川省多数产区雨季降水集中，苹果园土壤积水后易造成根系呼吸受窒，影响光合作用及其他代谢机能，并导致落叶、烂根乃至植株死亡。另外，夏季地表积水常因雨后天晴温度陡升，热气伤害树干基部或根颈皮层，造成植株死亡，尤其在干周地表稍低洼时，这种情况更加普遍。因此果园（特别低洼地带）要事先挖好排水沟，雨季来临前更要注意检查、疏通。

三、整形修剪技术

1. 矮化密植树的整形特点

进行矮化密植必须采用适合矮化、密植的树形和修剪方法，其特点为：

（1）树体矮，骨架小，树高不超过行距以防相互遮阴，冠径不超过株距或仅略大于株距（株间互相轻度交叠）。

（2）骨干枝数少（如 4~5 个）或没有主侧枝（如柱形）、骨干枝级次少（有的不留侧枝或副侧枝而在主枝上直接培养枝组）、层次少（如 1~2 层）。

（3）骨干枝弯曲延伸，尤其中央领导干弯曲向上（弯干或弯头），有利于控制上强下弱和树高。主侧枝开张角度比稀植树大。

（4）适当控制树冠向行内的扩展，主要向株间发展连成树墙。行间至少留出 1 米以上通道以利于光照和管理。

2. 适于密植的树形及整形方法

不同密度应采用不同的树形和相应的整形修剪方法。下面介绍几种常用树形和整形方法。

（1）基部三主枝邻近小弯曲半圆形 这种树形是由疏散分层形演变而来，不仅具有疏散分层形的优点，而且由于中央干小弯曲上升，更利于克服树势上强下弱，成形快，低干矮冠，内膛不空，结果枝多，产量高。到一定年限落头，使树冠呈半圆形，内部光照好。该形适于亩栽 27 ~ 44 株的密度，可用于乔砧密植或计划密植中永久株的树形。

树冠结构：干高 40 ~ 60 厘米（定干高度在 50 ~ 70 厘米），树高 4 ~ 5 米，主枝 5 ~ 6 个分两层排列。第一层 3 个主枝、主枝角度（基角）60 度，第二层主枝 2 ~ 3 个，与第一层主枝互相插空选留，开张角度略小于第一层主枝。层间距（第三主枝距第四主枝）80 ~ 100 厘米。第一层主枝上每主枝可着生 2 ~ 3 个侧枝，第二层主枝上每个主枝可着生 1 ~ 2 个侧枝，全部侧面枝数为 10 ~ 15 个。侧枝角度以 70 度左右为宜。幼树期间在主干上还可保留 1 ~ 2 个辅养枝，以后随树冠逐步扩大，根据通风透光状况进行适当疏间。

对幼树修剪的原则是：一开二缓三轻剪。即开张主枝角度，多采用缓势修剪，修剪量要轻，才有利于早果丰产。盛果期后为使树冠中心能够透光，要选择三杈枝进行落头。落头前，先重疏中央领导干落头处以上的部分分枝，对落头部分和两个分枝应轻剪并抬高角度，待其粗度与中央干相近时，再行落头。落头后，除疏掉上部两个主枝着生的直立枝外，其余的枝要少疏和少短截，以促其结果。

（2）纺锤形　又分自由纺锤形和细长纺锤形，均为从中央干上直接着生长侧枝、无明显层次的树形。前者适于亩栽 44 ~ 83 株的密植，后者适于更高密度的密植。

自由纺锤形：干高 40 ~ 50 厘米，树高 2 ~ 3 米，中心干直立。在中央干上分布 5 ~ 10 个长侧枝（有人称为小主枝以示与主枝的区别），向四周延伸，无明显层次，外观呈纺锤状。长侧枝角度大，要求 70 ~ 90 度，下层枝长度 1 ~ 2 米。在长侧枝上配置中、小枝组。该树形树冠紧凑，通风透光较好。

其整形方法是：一年生苗定植后于 60 ~ 70 厘米处定干，次年夏季从整形带的长枝中选位置好、长势强的作为中央干的延长枝，其余长枝均匀地拉向四方，呈 70 ~ 90 度角。以后每年剪留 2 ~ 4 个长侧枝，上下之间错开并保持 50 ~ 60 厘米的距离。对其余过密枝要适当疏除。一般定植 4 ~ 5 年后便可完成树形，长侧枝已选够时就需要落头开心。

细长纺锤形：干高 80 ~ 120 厘米，树高 2 ~ 3 米，冠径 1.5 米。从中央干上分出的长侧枝长势均等，上下层侧枝伸展幅度相差不大，全树瘦而长，顶部呈锐角，中心干延长枝和长侧枝均不短截。根据所需栽植密度可变动定干高度，密度越大，定干越高。壮苗干高，弱苗干低。

第一年修剪时，为控制树头旺长，可选用长势较弱的新梢作为延长枝头，经换头后的延长梢，一般不再短截。对从中央干上萌发出来的长枝，有空间时可改造利用，无利用价值的要从基部疏除。对二三年生的树，如果长势较旺，仍要选用弱枝作延长枝头，但可不必短截。对中央干上部着生的长枝，要及早疏除，着生在中央干中下部的长枝，可采用加大角度的办法缓和长势，促进成花，不必进行短截。四五年生的树要注意控制上强，延长梢可不必短截。对中下部的侧枝要注意开张角度，并可利用果台副梢扩大树冠，保持树冠缓慢延伸。六七年生以后的树，注意枝组更新，稳定结果部位。

（3）圆柱形　本形分为直立柱形和多曲柱形两种。土肥水条件好的园地适于多曲柱形，反之则适用于直立柱形。

圆柱形的特点是骨干枝少，枝级次低，结果枝组多，结果面积大，成形较易，结果早，丰产稳产。圆柱形是苹果矮密栽培的理想树形之一，适于亩栽 70～80 株以上的密度。

圆柱形基本结构为干高 50 厘米左右，树高 2.5～3.5 米，冠幅 2～2.5 米。无主枝，而用各类枝组代替，在中央干上合理排列，无层次。枝组间距离一般为 30～40 厘米。全树上下可安排枝组 20 多个。中央干每年升高 40 厘米左右。

多曲柱形是在圆柱形基本结构基础上每年中央干弯曲一次，在弯曲处形成一个较大枝组。直立柱形整形则不弯曲中央干，只是每年剪留中央干延长枝 40～50 厘米使之分枝即可。同时注意对侧生小枝进行控制与利用。

对强梢采用摘心、变向等缓和长势。对二年生以上强枝（大中枝组）在适当部位环剥，结果后视其体积和花芽情况加以回缩、疏枝或全部去除。一年生中庸枝和弱枝可任其生长。对多年生枝经常采用"去大换小"、"去远留近"控制体积，不让其成为主枝。

　　圆柱树形上结果枝的培养可采取先重后轻的剪法。即在定植后第一二年内对侧枝进行重短截，促使增加分枝，扩大树冠，为提早结果和早期丰产创造条件。侧枝重短截后产生的分枝距主干较近，形成结果枝后其结果部位也靠近主干，结果紧凑，且有较大的培养新结果枝组的余地。同时对侧枝重短截还可加大结果枝组与中央干延长枝之间长势的差异，保持中央干的优势。当枝组扩展到一定大小时，再以轻剪为主，缓长截短，放前堵后，以缓和枝组长势，促进形成花芽，提早结果。进入结果期后要综合运用截、缩、疏、放等修剪技术，协调结果和生长的矛盾，同时还要根据枝组结果情况进行枝组更新复壮，保持叶、果枝的适当比例，以便稳定树势，交替结果。当树势返旺时，要及时疏除过密枝，保证树冠内部的适宜光照条件，保持树势稳定和连年丰稳产。

　　（4）折叠式扇形和水平台阶式扇形　这两种扇形均是矮化密植理想树形之一，亩栽100株或更高密度，对肥水条件要求较高，既可作永久株树形，也可作临时株的树形。

　　这两种树形共同特点是树体矮小，整形容易，通风透光好，结果早且易获得早期高产。干性强的品种宜采用折叠式扇形，反之则宜采用水平台阶式扇形。

　　折叠式扇形要求苗木顺行斜栽，与地面交角45度左右，然后将苗中央干拉成水平状，距地面40～50厘米，将此中央干作为第一水平主枝。弯曲处发出的强枝代替中央干再向第一水平主枝相反方向拉成水平状，距地面 80～100 厘米，成为第二水平主枝。弯曲处选强枝作中央干并再向第一水平主枝方向拉平培养为第三水平主枝……如此每年（或生长弱时可隔年）升高一层，距离 40～50 厘米，最后两边各 2～3 个水平主枝，一三五主枝为同一水平方向。二四六主枝为相反的另一水平方向。这些水平主枝均着生于中央干的弯曲部位，水平主枝伸展范围约 1 米左右，各主枝上不再配侧枝而是直接布满中小枝组。此种树形成形后树高不超过 2.5 米，株间连接起来可成为树墙，厚度可超过 1.5～2.0 米，适于进行篱式栽植。

此树形整形时（1 年生苗）不论秋植还是春植，均于春季萌芽后才开始整形，这是与其他树形整形不同之处。整形时把苗主干顺行向（均朝同一方向）弯成水平状，距地面 40～50 厘米，用树棍或强子等固定，于弯曲处背上选好芽在其上方刻伤，刺激该芽抽生成新领导枝，为第二年整形创造条件。刻伤萌芽后要及时抹除该芽下方的全部萌芽，使这个芽抽生壮枝。夏季新梢半木质化时，对刻伤枝周围的强枝可进行扭梢、拉枝或坠枝，使其呈水平或下垂状态，以保证新领导枝的优势。次年将此刻伤芽长成的领导枝再向第一水平主枝相反方向拉平、固定，成为第二水平主枝。距地面 80～100 厘米仍选弯曲处好芽刻伤促发新领导枝。夏季对第一水平主枝的中部或后部进行环剥，对一年生强枝进行摘心、软化、坠枝以适量形成花芽，保证刻伤芽发的枝的优势。照此办法培养形成以上各层水平主枝和各类枝组。

水平台阶式扇形的整形方法基本与此相似，只是不必斜栽。

此外，适于矮化密植的树形还有篱壁形、棕榈叶形、三角形、丛状形、单层半圆形等，总的特点都是大枝少、枝组多、冠形小、宜密植。各地可根据当地的、管理水平、栽植密度、砧木、品种及机械化等条件，灵活选择。

3. 乔砧密植人工致矮修剪技术

乔砧矮化密植除选择适宜树形外，所采用的人工致矮技术主要是利用修剪技术和应用生长调节剂来实现的。

乔砧密植一般每亩永久植株数量不超过 35 ~ 40 株，在计划密植中临时性植株数量一般约为永久植株的一倍左右。

乔砧密植在栽培措施上采取先促后控，促控结合的方法，故在土壤改良和肥培管理上，要求达到和矮砧或短枝型密植园同样水平。幼树定植后 1 ~ 2 年内修剪，按整形要求进行短截，基本不疏枝，使树冠迅速扩大，达到一定枝叶量，在此基础上再注意控制氮肥，并疏除强的直立旺枝，拉平中庸枝，壮健辅养枝，留中弱水平枝，不短截，加上矮化促花等技术措施，达到由营养生长转入结果的目的。

乔砧密植的矮化修剪技术原则是以夏剪为主，冬剪为辅。具体方法有：

（1）短枝型修剪 此法是利用短截修剪刺激枝条基部潜伏芽萌发出中短枝成花结果。方法是在幼树冬季修剪时剪去直立的延长枝并用斜生枝代替，其余需要培养枝组的发育枝一律重短截至基部 1~2 个或 2~3 个潜伏芽处。第二年夏季修剪时对重截萌发出的新梢再短截至基部 2~3 片或 3~4 片叶处，促使形成短副梢（二次枝），这种短副梢则可能形成短果枝或中果枝。如果这次夏剪后抽出的是较旺的发育枝（长枝），可继续留基部 3~4 个叶片重短截。如此重复进行，便可获得短枝型枝组，并使树体矮化而早结果。

（2）加大各种枝的角度　"丰产不丰产，角度是关键"。要早果丰产、以果压树，必须重视适当加大枝角，可采用拉枝、弯枝、别枝、拿枝（6~8 月）、撑开等方法进行，简单而效佳。

（3）环剥、环刻和环剥倒贴皮　这几种方法是促进幼树、旺壮树形成花芽的重要夏剪技术措施。但在弱树、老树上则不宜进行。

环剥是指对中枝、大枝或主干在其靠下部处用刀刻伤相邻两圈，深达木质部，再将两道刻口间的树皮剥掉。环剥具有抑制当年新梢生长、促进花芽形成和提高坐果率三种作用。从开花到 8 月底整个生长季中均可进行，但最佳环剥时期为谢花的当天至第五天，这一时期环剥促进花芽形成的作用较明显，其他作用随着时间的推迟而逐渐减弱。环剥的宽度一般为枝或主干直径的 1/8，时间最好在晴天的中午进行。元帅系和印度品种环剥后愈合能力较差，切勿环剥过宽以防感染病害。金冠品种环剥后最易成花，环剥后要用纸或塑料薄膜带包扎，以防病虫害影响剥口愈合，造成死亡。在生长势较壮情况下，剥口用纸包扎的约 30 天愈合，薄膜包扎的

20天愈合。愈合天数较长的成花作用较强。因此可根据树势强弱和品种成花难易等条件来选择包扎物种类，以达到预期效果。不过幼旺树用纸条包扎较好。

环刻与环剥的区别是环刻不把树皮剥下。环刻有单道环刻（只刻一圈）、双道环刻（刻两圈、之间相距10厘米）和多道环刻（刻多圈每道刻环之间间隔15厘米）三种。单道和双道环刻作用与环剥相似，只是程度较弱些（为环剥强度的1/3～1/2）。多道环刻（在春季发芽后进行）有促进萌发新梢和成花的作用。

环剥和环刻的次数，一般情况下每年只进行一次，若由于树势过旺，一次达不到效果，也可在刻口、剥口愈合后再进行一次，或二法交替进行。

环剥倒贴皮在落花后40天以内进行（以5月份为宜），其作用与环剥相同但程度更强。在幼旺树的树干平滑处环剥4～5厘米宽的树皮，将剥下的树皮（或留下环剥区内占干周1/10的树皮不剥掉）上下颠倒位置重新贴在环剥处，用塑料薄膜带包扎以利愈合。环剥倒贴皮能使苹果生长受到明显的抑制并促进花芽形成。

（4）摘心与扭梢　摘心是在生长季节（5月下旬至6月上旬）当幼树外围新梢生长到30～40厘米长时摘去其新梢顶尖，可增加分枝并形成花芽。扭梢（拧梢）是在生长旺盛的新梢半木质化时（5月中下旬）进行，在新梢距基部5～10厘米处向下扭拧，使新梢在扭拧处变为平生或下垂。此法能控制新梢旺长并促进新梢顶花芽形成。

（5）喷布生长调节剂　在苹果矮化栽培中，生长调节剂主要用于控制生长和促进成花,以防止树体扩大过快,夺取早果丰产。为此所采用的生长调节剂主要是生长延缓剂,常用的有下列几种:

① B$_9$(又名二甲基琥珀酰肼、比久、阿拉)抑制新梢生长和促进成花,可使幼树新梢比对照减少 25% ~ 75%、节间变短、树体变矮;促使多成花,并且坐果率高,果实着色度和硬度增加,有利贮藏。B$_9$ 抑制生长的效应在喷后 1 ~ 2 周开始表现,5 ~ 9 月喷布均有效,但以花后早期喷布效果最佳。采果后喷布可抑制次年生长。矮密栽培中喷布时期一般在盛花后 25 天左右(或谢花后 10 ~ 14 天)和采后(9 月旬到 10 月)各喷一次,浓度 2000 ~ 3000 毫克/千克。有些品种喷布 B$_9$ 当年促花作用不太明显,需连年喷布。连年喷布可使树冠矮化,但停止喷用抑制效果消失后树体仍可恢复生长。此外,B$_9$ 的效果及持效与气候有关,暖地或暖季应用时,持效期短,浓度应略高;寒地及冷凉季节应用时,效果强而持久,宜降低浓度和次数。B$_9$ 的缺点是对果实生长有一定抑制作用,果形有变短趋向。

② 乙烯利 有抑制当年新梢生长、促进发枝和花芽形成的作用。喷后 3 天开始起作用,有效期约 20 天,30 天左右完全消失。由于乙烯利对多数品种有降低坐果率的作用,所以用于矮化密植控制生长只宜用于未结果的 3 年生以上幼旺树,浓度以 1500 ~ 2000 毫克/千克为宜,在落花后 10 天左右喷布。若要喷两次,则第二次需间隔 20 天。7 月下旬以后喷用 1000 ~ 1500 毫克/千克,连续 2 ~ 3 次,对控制生长和促进长果枝、腋花芽的形成

也有较好作用。对不易成花的元帅、国光品种，需连续处理两年才有明显效果。

由于乙烯利喷布对当年及次年坐果率有影响，应注意在喷布的第二年春季做好保果工作，然后才根据结果多少考虑是否疏果。

③矮壮素（CCC）喷布矮壮素 $5000 \sim 10000$ 毫克/千克同喷布 2000 毫克/千克的 B_9 效果基本相同，可显著抑制新梢生长，促使花芽分化，提高产量和增强抗旱抗寒能力。但它提高坐果率的作用程度不够稳定。矮壮素持效期短，落花后 15 天左右喷第一次，然后每隔 20 天再喷一次，共需喷 3 次以上。否则对新梢抑制作用消失后，反而造成后期过旺生长。

④多效唑（PP_{sss}）　用 0.1% 的浓度喷布，可明显控制新梢生长，促进花芽分化，并增强树体抗旱抗寒能力，提高产量。处理后果个略变小是其缺点，但可使果实紧实耐贮，着色能力亦提高。目前不少国家和地区已用它代替 B_9 应用于生产中。

四、产量调节技术

产量调节技术是指在结果不良的年份提高坐果率和结果过多的年份降低坐果率使植株保持适宜的果实负载量的技术。保持适宜负载量是实现丰产、稳产、优质、高效益的关键环节。据日本对矮化果园管理的研究统计，全年矮化果园管理用工量的比例为：授粉和疏花疏果 24.03%，果实套袋去袋 22.7%，人工修剪 11.7%，施肥 1.2%，中耕除草 3%，病虫防治 3.5%，采收运输

32.8%，其他1.07%。在栽培管理中，产量调节占有最大的比重。所谓适宜负载量具三个方面的含义：①保证不影响次年必要花量的花芽形成。②保证当年果实产量品质皆优。③保证不致削弱树势和减少必要的树体贮备营养。

1. 提高坐果率

苹果多数品种自花不实或自花结实率低。若因缺乏授粉品种或授粉品种配置数量、位置不当，或虽配置得当但花期遇不良气候影响，均可造成授粉受精不良，从而影响坐果和产量。为了提高坐果率，要在加强综合管理基础上，抓住时机进行补救。可采取花期人工辅助授粉，果园放蜂，花期喷硼（硼酸或硼砂）200～300倍液和尿素0.4%～0.5%，花后喷0.4%磷酸二氢钾以及盛花期喷0.3%硫酸锰、0.3%钼酸钠、0.5%硫酸锌等，都有提高坐果率的作用。

2. 疏花疏果

矮化苹果园产量调节技术中最重要的是疏花疏果，而不是保花保果提高坐果率。这是因为矮化苹果成花容易，坐果率高，开花量常常是负载量的3倍多，若不疏花疏果，则易引起树势早衰或出现大小年。疏除过多的花、果，能显著减少营养物质的消耗，使所留的果实个大质优，经济效益好，同时也有利于增强树势、丰产稳产。

疏花在花序分离到初花期进行，疏果的时期在盛花后一周开始，在谢花后25～30天完成。疏果过晚达不到理想的效果。也可分两次疏果。第一次疏除病虫果、畸形果和腋花芽果，每花序留双果。第二次疏花主要是定果，原则为每花序留单果。定果要掌握好留果量，其次是掌握好留果在树上合理的位置分布。

留果量的确定方法有多种，常用的指标有枝果比、叶果比、果间距、主干周长或主干横截面积等。枝果比是指树上各类一年生枝总量与应留果数量的比值。疏果时大果型品种（如元帅、富士、金冠等）可按 4～5∶1 留果，即每 4～5 个 1 年生枝则留一个果，中小果型品种 3～4∶1 留果。大果型品种或乔砧苹果树也可根据叶果比 30～40 片叶或 600～800 平方厘米叶面积留一个果，中小型果品种或矮砧苹果树、短枝型苹果树每 20～30 片叶或 500～600 平方厘米叶面积留一个果。较古老的方法还可按果间距留果，中小型品种每 15～18 厘米留一个果，大型品种每 21～24 厘米留一个果，使全树果分布均匀。简便易行的办法，还可测量主干周长（粗度）来确定株产作为留果依据。据中国农业科学院果树研究所研究，10～20 厘米的每厘米干周可留果 0.5 千克，21～30 厘米的，每厘米干周可留果 0.75 千克，依次干周每增加 10 厘米，每厘米干周的留果量要增加0.25 千克。

以上方法是供人工疏果参考的依据。化学疏果方法是采用西维因、二硝基化合物、石硫合剂、萘乙酸和萘乙酰胺、乙烯利等化学药剂喷树疏花或疏果，快速省工。但共疏果量和疏果部位往往不如人工疏除便于选择和控制。化学疏果在不同气候区和不同品种上需进行三年以上试验，确定适合药剂和施用时间、施用量，在盛花后50天内还需尽早人工补充疏果。化学疏果要求良好的果园综合管理水平。

五、果实套袋

果实套袋是提高苹果外观品质的一项重要技术措施。套袋的作用可以抑制果皮叶绿素，促进类胡萝卜素和花青苷的形成；可使果点减少、变小、色浅；可以防止果锈和裂果的产生或减轻程度，还可以隔离果实病虫害侵染和浓药污染，从而提高外观品质和售价。

1. 纸袋的选择

目前商品纸袋较多。除选择正规生产符合要求的纸袋外，对不同苹果品种，在纸质、纸层和颜色上也要作相应选择。对红色苹果较难着色的品种，如富士系、元帅、北斗等应选用双层袋，其外层袋不透水，外表面宜为灰色，里表面宜为黑色；内层袋宜为透明蜡质红色。对红色苹果较易着色的品种，如乔纳金系、津轻系、嘎拉系、千秋等，可选用不透水的单层袋，其外表宜为灰色，里表面宜为黑色，也可采用里外表面均为深褐色的纸袋。黄色苹果品种，如金冠、金矮生的果面易生果锈，王林品种的果面较粗糙，宜选用不透水的黄色单层袋。

2. 套袋的时间和方法

除果面易生果锈的品种外，一般早熟、中熟品种以落花后30天左右套袋为适期，晚中熟和晚熟品种以落花后35～45天套袋为适期。套袋过早和过迟均有缺点。提早套袋的果采收时果面更为光洁，但由于套得过早幼果果梗细嫩，套后遇风害易落袋，而过晚套袋则采后果面的欠光泽，有粗糙迹象。

为防止袋内病虫危害，疏果后套袋前 1~2 天可全部喷布一次杀菌杀虫剂。药剂可选用清水 1 千克加 25% 甲基托布津乳油 120 克，再加 2.5% 敌杀死乳油 30 克（也可将敌杀死换为 2.5% 功夫乳油 30 克或 10% 氯氰菊酯乳油 60 克），再加中性洗衣粉 100 克搅拌均匀后喷布。此剂主要用于杀菌和防治在袋内危害果实的康氏粉蚧可移动的若虫等。

果面易生果锈的金冠和金矮生落花后很快进入发锈高峰期，应在疏花的基础上，于落花后尽快按着果距离疏果，并即进行套袋。据研究报导，宜选花萼较直立闭合的幼果套袋，这种幼果受精较好，不易脱落。此外，对金冠和金矮生的病虫防治应在开花前和套袋后进行，若像前述品种那样在临套前进行喷药则会促进果锈发生。

具体套袋的方法可参见果袋包装上或箱内附的使用说明。扎稳扎紧袋口极为重要。

3. 除袋时间和方法

红色苹果早、中熟品种宜在适期采收前 15 天左右，晚中熟、晚熟品种宜在适期采收前 30~35 天，将袋底撕开，先除掉外层袋，经 3~5 个晴天，再除下内层袋。除袋后果实红色将进一步发育。金冠和金矮生等黄色苹果，可在适期采收前 15 天左右，于上午 10 时前和下午 4 时后除去果袋。

4. 除袋后的促进着色增进外观技术

除袋后为进一步促进着色和增进外观，可根据具体情况选择施行摘叶、转果及铺设银色反光膜等措施，生产高档果、优质果、礼品果，增加效益。摘叶，即是摘除对果实严重遮光的叶片和枝梢，改善果实受光条件。通常可分次进行，第一次在除袋后摘除贴果及邻近的遮光叶，第二次间隔10天，剪除外围内膛多余徒长枝梢，摘去部分中长枝下部叶片，改善树冠通风透光条件增进果实着色。摘叶时可以留下叶柄不摘。转果，则是通过扭转果实向阳面促进阴、阳面均匀着色的一项措施。除袋后经5~6个晴天果实阳面已红色鲜艳，即应转果，促进另一面的着色。除袋后地面铺银色反光膜可以通过反射光使树冠中、下部果实、特别是果实的萼洼处受光着色，是提高全红果率的一项有效技术。除袋后铺银色反光膜可比不铺的提高全红果率1倍左右。

六、主要病虫害及其防治

1. 苹果白粉病

苹果白粉病主要危害新梢和嫩叶，有时也危害花和芽，病芽发芽较晚，展叶迟，生长迟缓，所发新梢嫩叶整个布满白粉，叶片狭长，新梢纤细。病叶早期脱落。花芽感病后花呈畸形，发育不良，多不坐果。大流行年份幼果也可发病。

苹果白粉病以菌丝状态在病芽鳞片间越冬，是次年发病的主要来源。4~9月均能侵染，但以5~6月为侵染盛期。春季温暖干旱的年份发病较重。

防治方法：①结合冬剪及夏剪及时剪除病枝病芽，

减少病源。通常剪至二年生枝中部或新梢中下部健芽处。第二年春萌芽后继续剪除病枝、芽，并集中烧毁。发病重的园片要连续剪几年。②发芽前结合防治其他病虫，剪除病梢病芽后同时喷波美5度石硫合剂。以后在4月中下旬、5月中下旬及6月上旬连喷3次杀菌剂。这几次杀菌剂可用波美0.3～0.5度石硫合剂，也可用50%甲基托布津可湿性粉剂800倍液，或50%多菌灵可湿性粉剂1000倍液，或50%苯来特可湿性粉剂1000倍液，或40%福美砷可湿性粉剂500～700倍液，或50%退菌特可湿性粉剂600倍液。粉锈宁可湿性粉剂亦有较好的防治效果。

2. 苹果早期落叶病

苹果早期落叶病是苹果褐斑病、灰斑病和轮斑病的总称，是危害苹果叶片的重要病害，常引起叶片早落、树势衰退、果实不能正常发育，降低果实产量和品质。甚至引起二次开花和导致大小年结果。

三种病害开始发病的时间早晚不一，但发病高峰都在6～8月高温季节，引起大量落叶。褐斑病发生范围最广，危害最重。褐斑病病斑边缘不整齐，周围有一圈绿色叶肉，其他部分变黄色。病斑上密生黑色小点（病菌分生孢子器），成同心轮纹状、针芒状或兼有这两种混合状分布。灰斑病主要侵害幼叶，故病叶多分布在枝端和病梢上，病斑近圆形或不正形，灰白色有光泽，后期散生一些黑色小粒点（分生孢子器），发病重时多个病斑相连并穿孔，叶缘焦枯。轮斑病病斑较大，半圆形或近圆形，褐色无光泽，多散生于叶片边缘，生有明显的颜色深浅交错的同心轮纹。病斑背面有黑色霉状物，严重时病叶焦枯卷缩。通常发病最重在 6～8 月高温高湿季节。三种病害中以灰斑病发生最早，苹果谢花后就开始发病，气温达 20℃，空气湿度较大，特别是连日阴雨时常可引起严重发病。褐斑病发病稍晚，6 月下旬开始发病，先从树冠内膛和枝条基部叶片开始发病，严重时 6 月底 7 月上中旬即可引起落叶。轮斑病一般 6 月中旬（有些地区较晚）开始发病。树势弱、降雨早而多的年份早期落叶病更重。

防治方法：①清扫果园，清除病落叶，剪除病枝，减少病原。注意果园排水。②对灰斑病菌在谢花后先喷布 1～2 次 50% 退菌特 600 倍液。其后的防治可同褐斑病等一起进行。③根据各地发病早晚确定喷药次数和时间，第一次药应在发病前半个月喷洒。通常麦收前一周（约 5 月中下旬）喷布防治褐斑病等的第一次药。以后每隔 20～30 天喷，连喷 2～3 次或多次。常用药剂为 200 倍石灰倍量式波尔多液。波尔多液药效长，防治效果好，但有些品种如金冠，幼果期间喷洒后易产生果锈，尤其是四川省等南方产区。据试验改用 50% 多菌灵可湿性粉剂 800～1000 倍液效果较好。此外还可用 50% 退菌物 600 倍液、50% 甲基托布津可湿性粉剂 800～1000 倍液。

3. 苹果树腐烂病

苹果树腐烂病是苹果树的一种重要枝干病害。发生严重时，常造成树冠残缺不全，甚至整株或成片死亡，损失极大。本病多发生于枝干皮层，主干和骨干枝最易染病，小枝发病较轻。病害部呈红褐色水渍状，稍凸起，病部松软，腐解后有酒糟气味，往往流出黄褐色汁液。病部发展一段时期便干缩下陷，变为深褐色以至黑褐色，表层龟裂，并生出稀疏的黑色小粒点（分生孢子器）。当病斑扩展到绕枝干一周时，上方枝干将全部死亡。

病菌在病部越冬。从冻伤、虫伤、剪锯伤口等伤损处侵入。一年中以春季发芽前的一段时间发病最重，2月下旬至3月下旬开始发生，3~4月发病最多，扩展最快，5~6月发病减少，7~8月一般不再增长，病部停止扩展，9~10月略有活动，到冬季结冰时停止。

防治方法：①加强栽培管理，增强树势，提高抗病力。②预防冻害，积极防治苹果棉蚜、透翅蛾和天牛类害虫，减少病虫伤口和机械伤口，杜绝腐烂病菌侵入。③发病期内彻底刮治病斑，早春发病盛期突击刮治，既可用常规的菱形直茬刮法，也可应用重刮皮法防治（重刮皮法是在6月中下旬和10下旬至11月上旬，把主干和骨干枝上老皮层刮到能见绿白色活皮层时为止，以刮除在表层浅处造成的表面溃疡组织）。刮治后涂药杀菌以防复发。常用药剂有腐必清可湿性粉剂10~20倍液，腐必清乳剂2~3倍液，1%苹腐灵水剂2倍液，5%菌毒清30~50倍液、腐烂敌20~30倍液、843康复剂等。④彻底清除园内病、死枝干和刮下的病皮，收集烧毁，减少和消灭病源。⑤喷药防治：萌芽前刮治后喷波美4~5度石硫合剂、腐烂敌80~100倍液，40%福美砷可湿性粉剂100倍液加腐殖酸钠或腐必清乳剂100倍混合液以铲除树体上的病菌。腐必清除对腐烂病有较好防治效果外，还可兼治苹果红蜘蛛越冬卵和轮纹病。生长期结合防治早期落叶病等，对枝干严密喷布 200 倍石灰倍量式（或多量式）波尔多液。秋季树干涂白，也有很好的预防作用。白涂剂配方为生石灰 6 千克，食盐 1 千克，豆浆 0.25 千克，水 18 千克。

4. 桃小食心虫

简称"桃小"，是我国苹果产区一种最主要的食心虫，除危害苹果外还危害多种果树。

幼虫危害果实，入果时寻觅适当部位啃咬果皮但不吞食，故胃毒剂农药对它无效。大部分幼虫从果实胴部蛀入果内。早期幼虫蛀入后潜食果肉，果面呈凹陷的潜痕，使果实畸形呈"猴头果"，后期幼虫在果内纵横串食并把粪便排在果内，造成所谓"豆沙馅"，使果实无食用价值。

越冬幼虫要出土化蛹羽化为成虫产卵，其出土时期与数量同 5~6 月降雨情况关系密切，若 5 月下旬至 6 月上旬有适量雨水，土壤潮湿，6 月上中旬即出现出土盛期。若雨量分布不均时，可能出现几次高峰。若长期缺雨则会推迟大量出土期。越冬代幼虫化蛹羽化为成虫盛期在 7 月上中旬，雌成虫主要在幼果萼洼处产卵，少数产在梗洼，6~8 天孵化第一代幼虫，开始危害果实，20 余天后即老熟脱离果实入土作茧，其中大多数就此越冬，只有 12% 左右可羽化为成虫再次产卵孵化出第二代幼虫，但数量少。因此越冬出土幼虫和树上第一代幼虫是全年防治重点。

防治方法：地面防治为主，树上喷药为辅，消灭出土幼虫。

①地面防治　关键时期是越冬幼虫出土初期和盛期（以及老熟幼虫脱果期）。在地面各喷一次药，用50%辛硫磷乳油300倍液，或25%辛硫磷微胶囊剂、25%对硫磷微胶囊剂300倍液。另外在越冬幼虫出土前每亩喷洒0.6~0.9千克50%地亚农乳剂，几乎能将茧内越冬幼虫全部杀死。

②树上防治　防治重点是卵和初孵幼虫。适宜时间是田间累计卵果率1%左右临近孵化时。可选用50%杀螟松乳剂1000倍液，2.5%溴氰菊酯乳油3000倍液，20%速灭杀丁乳油3000倍液，20%灭扫利乳油3000倍液，30%桃小灵乳油2000倍液，25%灭幼脲3号胶悬剂1000倍液，B.T.乳剂500倍液。喷布2~3次。

5. 红蜘蛛类

苹果红蜘蛛类指山楂红蜘蛛、苜蓿苔螨和苹果红蜘蛛三种，果园内常混同发生，是苹果的重要害虫，也危害其他多种落叶果树。

防治方法：①早春果树发芽前刮树皮，清除落叶杂草，消灭山楂红蜘蛛越冬雌成虫。萌芽时喷波美4~5度石硫合剂；苹果红蜘蛛，苜蓿苔螨发生严重的果园喷95%机油乳剂80倍液消灭越冬卵。②抓好早期防治，控制后期猖獗，开花前（山楂红蜘蛛越冬雌虫出蛰盛期，苜蓿苔螨、苹果红蜘蛛越冬卵孵化盛期）和花后（三种害虫第一代卵孵化盛期）喷药（夏季视虫情喷药）。药剂可选20%螨死净胶悬剂2000倍液，15%扫螨净乳剂 2000 倍液，20% 扫螨净可湿性粉剂 3000 倍液，5% 尼索朗乳油 2000 倍液，20% 三唑锡悬浮剂 1500 倍液，56% 扫螨利果 6000～8000 倍液等。

6. 卷叶蛾类

我国苹果产区卷叶蛾普遍发生，以幼虫危害果实和叶片。最常见的卷叶蛾有五种：苹小卷叶蛾，褐卷叶蛾，苹大卷叶蛾，顶梢卷叶蛾，黄斑卷叶蛾。除危害苹果外，还危害多种落叶果树。

防治方法：①防治苹小卷叶蛾、褐卷叶蛾和苹大卷叶蛾，早春应彻底刮除老树皮、翘皮及潜皮蛾幼虫害的爆皮，对顶梢卷叶蛾则应彻底剪除被害新梢并集中烧毁。②药剂防治：五种卷叶蛾均应在第一代卵孵化盛期及幼虫期喷药，这是防治关键时期，常用的有效药剂是 50% 杀螟松乳 800～1000 倍液或 80% 敌百虫晶体 1000 倍液，20% 速灭杀丁乳油 3000 倍液，2.5% 功夫菊酯乳油 3000 倍液。

第五节　采收、包装与贮藏保鲜

苹果矮化密植栽培的目的是高产、优质、高经济效益。采收、装运与贮藏保鲜是田间生产的最后环节，处理得当与否直接关系到"两高一优"的实现，因此应当予以充分重视。

一、采收

苹果在接近成熟的发育后期，天气较好的情况下，个头增长很快，品质也进一步发育。采收过早必然降低产量和品质，而且贮藏易失水、皱皮，还易发生虎皮病（贮期生理病害）。采收过晚则不耐贮运且易诱发水心病。若过期延迟挂果不采，消耗养分，还会影响次年产量。确定适宜采收期的标准和方法较多，生产中易为果农掌握的方法主要有两种：一是根据果实成熟度；二是根据盛花后果实生长的天数。

成熟度一般分为三个标准：①可采成熟度，指果实即将成熟，大小已固定，并已初步转色或有色品种着色，但果肉尚较硬，风味未达最佳。此期采收适于远程运输或贮藏。②食用成熟度，指果实已达该品种固有风味色泽标准，适于鲜食和加工。此期采收最宜当地和附近地区鲜食，不宜远运和长期贮藏。③生理成熟度，指果实完全老熟，果肉绵软，种子充分成熟，食用品质变差，只适于采种。所以适宜采收期还要根据果实用途具体决定。

根据果实生长天数确定采收适期是依据苹果各品种在一定栽培条件下从盛花到成熟大致都有的一定天数。如金冠、陆奥一般在盛花后160天成熟采收，元帅系、红玉、红金、红星等一般可在盛花后150天左右采收，富士、王林一般在盛花后180天左右采收，国光、印度等则在盛花后185天左右采收。但不同产区因光、温条件不同可有差异，其差异可达25天左右，一般温度较高地区成熟早些，反之迟些。

采果时要防止一切机械损伤如指甲伤、碰擦压伤等。果实应轻拿轻放，采果篮与果筐中要铺好衬垫物，禁止倾倒扔甩，尽量减少转筐次数以减少受伤。否则伤口极易招致病菌侵入发生腐烂，影响贮、运、销。采收时还要注意保留果梗完整，便于保藏。

有些品种同株上成熟期不一致，或熟前落果较重，可以按上述方法确定初采期后进行分批采收。分批采收的品种要从适采期初开始，分 2 ~ 3 批采完，第一批先采树冠外围着色好的或成熟果，第二批在 7 ~ 10 天后采，再过 7 ~ 10 天采第三批。

二、分级包装

采果装筐同时进行初选，将病虫果、烂果、伤果拣出集中处理。好果运往包装场地结合分级包装，再次分选好果，按国家和商业部门分级标准（品种大小、轻重、色泽、形状、成熟度）进行分级。用于就地贮藏保鲜的须按贮藏要求进行预处理，不贮藏的，则按不同品种分级和销售规格进行包装。我国农村用得最多的包装容器是果筐（竹、篾），在包装运输中易伤果，损失大。目前全国均在广泛推广专用纸箱，并有不同规格。纸箱包装不宜堆码过高。

外销苹果多数使用商业部门或外贸部门的专用纸箱包装，硬度大，韧性强，箱内果实要求单个包纸排列整齐，并用纸板、格子分层，然后封箱。内销苹果包装纸箱内特级、一二级果也要求逐果包纸并分层排列紧实。出口或内销果实应装紧勿自由松动，以免运输、装卸中果实晃动碰伤。箱底要有衬垫材料（层），装果后顶部也要加一薄层衬垫物，然后加盖封装。附上标明品种、规格、产地及选装人员编号的标签，分类待运。

三、贮藏保鲜技术

苹果栽培品种繁多，耐贮性差异很大。总的趋向是成熟期越晚的品种越耐贮藏。一般早熟品种在常温下仅能贮 5～10 天。中熟品种较耐贮藏，但品种间差异较大，不同品种贮期为 1～3 个月。晚熟品种最耐贮藏，一般贮 3～5 个月，若方法得当可贮至次年 6～8 月份。因此贮藏时必须根据市场情况和品种特性综合考虑。

苹果贮藏中最重要的条件是温度，适宜的低温能有效延迟苹果的后熟和衰老。多数品种最佳的贮藏温度为 $-1℃～1℃$，相对湿度以 85%～90% 最好。

苹果采后入贮前果实必须经过预冷，以消除果实带有的大量的"田间热"和果实因果柄断面伤口引起的旺盛呼吸释放的大量热量。这些热量带进贮藏环境会降低果实耐贮性或诱导果实呼吸高峰出现而过熟老化，造成保鲜失败。预冷方法是将果实移放冷凉通风地方摊开（勿堆过高）过夜，冷却降温 1～2 夜，白天要遮阴。也可在果园就地选冷凉干燥处树荫下挖深 20 厘米土畦，四周筑 10 厘米畦埂，将果层层摆放畦内（厚度以大型果 5～6 层，小果 6～7 层）预冷，白天遮阴，夜间需敞开通风。

苹果的贮藏方法很多，但各种方法都要求在苹果健康无病虫、无机械伤、虫伤及碰压伤、采收期适度的条件下才能获得理想效果。采收和贮藏各个环节都要轻拿轻放勿使果实受伤。商业性大规模贮藏普遍采用空调冷库贮藏，或冷库保鲜贮藏。其他也有许多贮藏方法，针对广大农村实际条件，特将其中简便易行而效果较好的几种方法介绍如下。

1. 塑料小包装贮藏法

这是一种简易的空调贮藏方法，是将一定重量的苹果果实装在一定厚度规格的无毒聚氯乙烯或聚乙烯薄膜袋中，扎紧密封，靠果实自身的呼吸作用和塑料薄膜的透性，调节袋内二氧化碳和氧气浓度，从而达到保鲜、保脆、延长贮藏期的目的。近10余年来，在我国各地农村试用均取得较好效果。该法贮量可多可少，结合农村自然条件，可分为小包装沟藏法和小包装窖藏法。

（1）塑料小包装沟藏法 用0.07毫米厚规格的聚乙烯薄膜制成能装15～25千克苹果的袋子。在排水性能良好的背阴坡挖一深0.8～1米、宽1米的地沟，长度视贮藏总量而定。苹果采后在阴凉处预冷1～2个夜晚，于早晚温度较低时装袋并封袋入贮。沟上白天盖以草帘防止日晒，夜间打开散热，利用夜间冷空气保持沟内低温。当沟内温度随季节下降到－3℃以下时，需将地沟完全盖严。当随季节沟内温度上升到15℃时便结束贮藏。该法贮藏要求果实发育良好，采收时硬度较大（>15磅/平方厘米）。注意防止鼠害。此法贮后苹果味美鲜脆，曾有报道元帅贮4～6个月腐烂率低于2%。

（2）塑料小包装窖藏法 用0.06～0.08毫米厚的

聚乙烯薄膜做成上宽0.9米、下宽0.7米、高1米的袋，将袋放入果筐或果箱内，果实采后预冷，采后3天之内必须装袋封好入窖贮藏。每袋装果量15~20千克。贮藏初期重点注意降低窖温，夜间把窖门和通气孔（大小为20厘米×20厘米）全部打开，白天关闭保冷。当持续15天左右袋内氧气含量低于1%~2%时开袋换气。随着冬季来临，气温降低要注意防寒保持适宜低温（不低于-2℃）。用该法贮藏苹果可至来年2~3月，果色鲜艳、丰满，硬度保持较好，好果率可达95%以上。

2. 棚窖与土窑洞贮藏及田间畦藏法

这三种方法都不用塑料小袋封装，因此要注意调节湿度勿使环境过于干燥。一般采取地面泼水保湿。既可筐装或箱装入贮，也可散装入贮。

（1）棚窖 宜建筑在地势高燥、排水良好、背风向阳的地方，以东西走向为宜。一般窖深1.5米左右、宽2~3米，长度不限。窖四周边缘垒成高0.5~1米的土墙，南侧稍高、北侧稍低，厚40厘米左右。窖顶架设木杆，上铺秫秸（厚20厘米左右），最后培覆厚约20厘米土层。门向北开，窖顶和墙上挖通气孔若干个，大小为20厘米×20厘米。窖底铺5厘米厚洁净细砂并适量泼水。果实若散装，需一层层摆在砂面上，摆果高度50~60厘米。

（2）土窑洞 有门两道，门宽1~1.5米，高3米，高门距3~4米构成缓冲带，窑洞长（深）30~50米，高宽各2.5~4米。通气孔设在窑身后部，排气窗和通气孔的下部直径为窑宽的1/3~1/2，高度为窑身长度的

1/3 以上。贮藏苹果可筐、箱装堆码，也可散装摆果堆藏。

（3）田间畦藏法　是适宜晚熟品种的产地贮藏方法。畦藏地点应选地势高燥、排水良好、通风阴凉的林体行间。果畦宜南北走向，宽 1.5～2 米，长度视贮果量而定。畦面高出地面约 10 厘米，中央略高两侧略低，四周培成高约 15 厘米的畦埂。贮果前先在地面铺一层 3～5 厘米洁净细砂，并酌量泼水保持一定湿度。然后沿果畦两个长边每隔 75～100 厘米距离钉一根粗 7～10 厘米、长 75～80 厘米硬杂木桩，入土深度为木桩全长的1/2。木桩钉好后在其内侧竖立一层用紫穗槐条或高粱秸制成的帘箔，箔高 30～40 厘米。帘箔内侧铺衬两层完整无损的牛皮纸。最后将经挑选和预冷的果实逐层摆在果畦内，摆果高度为：畦中央 70～80 厘米、两侧 30～40 厘米。果实摆好后随即用 2～4 层牛皮纸盖好封严，其上再盖一层苫席，席上面再用木棍或两端坠有石块的绳子压牢。为了加强果堆通风，可在果堆中每隔 3 米长畦面竖立一定数量的通气筒。

以上几种方法都要利用白天与夜晚的温差来开闭调节到适宜低温，并注意防止鼠害，湿度维持在 85%以上。

3. 通风库贮藏

通风库贮藏是利用自然通风换气方式的隔热贮藏库进行贮藏。贮量大、效果好，有条件的产区可以采用。通风库要建在干燥、远离污染源、通风良好的地方。有地上式、地下式、半地下式三种类型。通风库多为长方形，库宽 9～12 米，长 30～40 米，高 4 米以上。墙壁和库顶多采用夹层砖墙空气隔热或砖块炉渣等材料配合建成，其热阻值应不低于 1.52。通风设施是本库重要部分，库壁上部和下部每隔 5 米左右设一通风窗，也可用中间通道导入冷空气。库内地下开一通风沟，宽 30 厘米，深 50 厘米为宜。库顶设若干个排气筒，间距 5 米左右，筒孔高出库顶 1 米以上。口径约 25～35 厘米×25～35 厘米。

该法贮藏是利用库内外温差及昼夜温度变化，以通风换气方式保持库内温度的相对稳定。因此，应辅助一些杀菌防腐措施以收到更好效果。一般在果实入库前打扫库房并用硫黄熏蒸消毒。采果后预冷，入库时库温应已降至 10℃ 左右。采用通风堆码，可以筐箱装，也可散放，但散放贮量不大，浪费库容量。若需散放，需先在地面铺 5～10 厘米厚的洁净细砂，适量喷水后将果实一层层摆在砂面，摆果高度 0.6～1 米。

通风库贮藏主要管理措施是勤开窗、关窗，保持相对稳定的温度和湿度（温度 –1℃～1℃。湿度 85%～90%），并经常检查除去病腐果防止传染。

第三章
梨

梨是我国的传统果品，栽培历史悠久。我国是东方梨的主要生产国，是世界梨的原产中心之一，年产量达1100万吨。梨的适应性很强，全国除个别省外均有栽培。梨品种繁多，在不同地域条件下形成了很多优良品种。我国梨树的栽培面积和产量虽均名列世界第一，但单位面积产量却落后于美国、法国、日本等国，果品质量也不如欧美地区各国。随着科学技术的发展，梨树的栽培方式发生了变革，由乔化稀植转向矮化密植，新的优良高产品种和先进栽培技术不断涌现。

第一节　梨高产优质的客观标准

一、梨树高产的客观标准
（一）早期丰产

梨树结果早晚是由品种特性和栽培技术所决定的。有的品种2~3年生树就开始结果，有些品种4~5年生树才开始结果。现在通过应用促进花芽形成的配套栽培技术,能使梨树提早结果。但是,早期丰产的关键是增加栽植密度,实行密植栽培。即使稀植树能提早结果,3~5 年生树也很难达到早期丰产。只有采用密植栽培方式才能获得早期丰产,实现"一年定植长树、二年试花结果、三年正式投产、四年丰产"的目标。

（二）单产要高

梨树到盛果期时,能否达到高产,关键看单位面积产量的高低,而单位面积产量的高低是由栽培管理水平所决定的。2006 年,我国梨的单位面积产量约为 733.3 千克/亩,与高产典型 3000 千克/亩的水平相比,差距甚远。由此可见,通过提高栽培管理技术水平来提高梨的单产潜力很大。

（三）连年丰产

高产的重要标志是丰产稳产。要获得连年丰产,就要求有较高的栽培技术水平,采用科学方法管理梨树。密植园要有适于密植栽培的丰产稳产栽培技术,稀植园要有稀植栽培的丰产稳产栽培管理措施。无论是稀植园,还是密植园,要实现丰产稳产:枝叶覆盖率不低于 70%;树冠交接率控制在 5% 左右;亩枝量达到 8 万~10 万条;亩叶量 35 万片以上,叶面积系数达到 3.5 左右;间距 25 厘米留一个果,亩产量控制在 2500~3000 千克范围内;一类短枝占 30%,花枝率 75% 左右;7~10 月叶片油绿。

二、梨优质果品的客观标准

（一）果实外观美

果实外观包括果实大小、形状、颜色、果面光洁度，果皮厚薄、有无锈斑等六个方面。果实形状主要决定于品种特性，受环境影响较小，而果实大小，如加强肥水管理、合理修剪、控制留果量、适当延迟采收期，就可以增大果重。果实颜色、果面光洁度、果皮厚薄除与品种特性有关外，受环境因素影响也较大。在幼果期，适时套袋，选择性使用农药；在果实成熟期，天气凉爽，昼夜温差大，铺反光膜，合理施肥和控水，适时采收，都能提高外观品质。果面上的锈斑、水锈影响果品的外观，在雨水较多和喷药（肥）不适宜的情况下，容易产生锈斑和水锈，应采取相应措施加以防除。

（二）果实内质符合消费者的需求

果实内质包括果心大小，果肉颜色，果肉粗细，石细胞的多少，质地的松紧、脆软，风味酸甜浓淡，汁液的多少，有无香味，营养含量等方面。果实的内质主要由品种特性决定，改善树体光照条件、适当增施磷钾肥、适宜控制挂果量等条件下，可提高果实的内质。

（三）果实中农药的残留量要低于国家制定的相应标准

梨果以鲜食为主，如果果实中农药残留超标，对食用者会产生危害。因此，在生产过程中，重点选用高效低毒低残留农药、生物农药、矿质农药，并注意喷药距采收的限期，生产出无公害的优质果品。

第二节 对环境条件的要求

一、温度

梨因种类品种、原产地不同,对温度的要求差异很大。四川省主栽的梨品种分属于白梨系统和砂梨系统两大类。白梨适应范围较广,在年平均温度8.5℃~14℃的地区,生长季(4~10月)的平均气温为18.1℃~22.2℃,休眠期(11月至翌年3月)平均温度为-3℃~3.5℃的条件下,生长良好,其中金花梨较耐高温多湿。砂梨原产长江流域,在年平均15℃~23℃的地区,生长季平均气温为15.8℃~26.9℃,休眠期平均气温为5℃~17℃表现良好。白梨的耐寒极限为-23℃~-25℃,砂梨的耐寒极限为-23℃。

梨的不同器官耐寒力不同,其中以花器、幼果最不耐寒。梨树开花需10℃以上的气温,气温低开花慢、花期长。当气温升到15℃以上时,梨树开花显著顺利,梨花授粉受精的最适温度为24℃左右;当气温在10℃以下时,则授粉受精不良,将大大影响坐果。

梨果成熟期间昼夜温差大,有利于梨果着色和糖分积累,夏秋季气温日差在10℃~13℃,果实不仅含糖量高,而且外观品质也提高。

二、水分

梨树体和果实中水分占60%~90%。梨不同种和品种需水量不同，砂梨需水多，白梨次之。砂梨产区的年降水量在 1000 毫米以上，白梨主产区降水量多在 500～900 毫米。降雨不足或分配不均，应及时灌水；雨水过多时，应注意排涝保护根系。梨要求空气相对湿度为60%～80%，砂梨在潮湿的长江流域及其以南地区生长结果正常。花期阴雨连绵，对梨树开花、授粉受精极为不利。

三、光照

梨树喜光。在一定范围内，随光照强度的增加，梨树光合作用也增强，光合产物也多。要利用栽培技术措施保持梨树通风透光良好。良好的光照对花芽的形成、改进果实色泽、提高果实品质非常重要。在海拔高的川西高原，光照强度大，紫外线强，金花梨、金川雪梨等品种皮色光亮美观，含糖量高，综合品质好。四川盆地光照条件较差，梨树栽培中更要重视树形的调控和夏季修剪等措施的应用。

四、土壤条件

梨树对土壤条件要求不太严格，沙土、壤土、黏土都能栽培。但以土壤疏松，土层深厚，富含有机质，地下水位较低，排水良好的沙质壤土结果质量最好。梨树适于中性土壤种植，在土壤 pH 值 5.6～7.2 范围内为好。四川地区紫色土上种植，应注意土壤的 pH 值偏高。在 pH 值 8.0 以上种植梨树会出现黄叶现象。在碱性土中，川梨的抗性弱于豆梨。

第三节　适合四川栽培的主要优良品种

一、白梨系统的品种

（一）金花梨

金花梨系四川省农业科学院果树研究所 20 世纪 50 年代末，从四川省阿坝州金川县沙耳乡孟家河坝自然实生后代中选出。是四川省的主栽晚熟品种，在河南、河北、陕西、山东、辽宁等省有栽培。

果实大，平均单果重 318.8 克，最大 660 克，果实广倒卵形或广卵圆形。果梗长 4.4 厘米，粗 3.1 毫米，梗洼狭小，周围有少量褐锈。萼片脱落或宿存，萼洼中广而深，具棱沟。果皮黄绿色，贮后转为黄色，果面平滑，有蜡质光泽，果点小，中多。果肉雪白细嫩，松脆多汁，风味甜，香气浓，含可溶性固形物 11.8% ～ 16.8%，总糖 10.43%，总酸 0.151%。果心小，可食率达 91.4%，品质上等。果实耐贮藏，一般可贮至翌年 4 ～ 5 月。

该品种树势强健，幼树直立，盛果期枝条较开张，萌芽力中偏强，成枝力弱，一般剪口下多抽生 1～2 条长枝。开始结果早，一般定植后 2～3 年便可结果，5 年左右进入盛果期。以短果枝和短果枝群结果为主，花粉量大，丰产，较稳产。

在四川简阳市，2 月下旬花芽萌动，3 月中下旬开花，8 月底至 9 月初果实成熟，11 月底开始落叶。以苍溪雪梨、崇化大梨作授粉品种。

该品种较绝大多数白梨系统的品种适应范围广，不论是冷凉半干燥地区、温暖半干燥地区，还是温暖多湿地区均可栽培，对砂壤土或黏壤土都能适应，但在冷凉半干燥气候和中性偏碱的土壤条件下，产量、品质最好。较耐寒、耐湿、抗旱，对叶斑病、黑星病和心腐病有较强的抗性，较抗轮纹病，对锈病抗性较差。

（二）金川雪梨

金川雪梨原产于四川省金川县，沿大金川两岸分布较多，为大金川、小金川、丹巴等地的主栽品种，成都、简阳、绵阳、苍溪有成片栽培，江西、河南等省引种表现也好。

果大，平均单果重 285 克。纵径 10.3 厘米，横径 7.4 厘米，果呈瓢形或倒卵形，外形似鸡腿，又原产于大金，故别名大金鸡腿梨。果皮绿黄色，具蜡质，果点小，果面光滑。果梗长 5.9 厘米，梗洼浅小。萼片残存，萼洼浅狭，有皱褶。果心中等大。果肉白色，质地细嫩松脆，石细胞少，汁液多，味淡甜或甜；在四川简阳市果实可溶性固形物 10.5%，总糖 11.2%，总酸 0.20%，品质上等。果实较耐贮藏，一般可贮至次年 3 ~4 月。

该品种树势强健，枝条开张，萌芽力和成枝力中等，干性强。3 年左右开始结果。以短果枝结果为主，占 63%，腋花等结果占 27%，花序坐果率 88%，每个花序平均坐果 1.63 个。产量高，较稳产。物候期基本与金花梨一致。可用鸭梨和苍溪雪梨作授粉品种。

金川雪梨适应性不广，果实外观随产地的不同而差异不大，但肉质因产地不同而差异极大，以原产地的果实最好。抗旱、抗湿、抗病能力均强，抗黑星病能力比金花梨强。较耐寒。

（三）崇化大梨

崇化大梨原产于四川金川县安宁乡，系金川雪梨自然实生苗。在金花梨的种植区均有栽培。

果实大或特大，倒卵圆形或纺锤形，平均单果重406 克左右，纵径 11.0 厘米，横径 8.8 厘米。果皮淡绿黄色，果点中大，褐色突出。果梗长 5.8 厘米，梗洼狭浅，有棱沟。萼片脱落，萼洼深广中等，有皱褶。果心中大，可食部分百分率为 81.4%。果肉黄白色，肉质中粗、松脆，石细胞少，汁液多，味淡甜，微香；含可溶性固形物 11% ~ 13.6%，总糖 7.56% ~ 9.8%，总酸 0.14% ~ 0.177%，品质中上。果实较耐贮藏。

该品种树势强，枝条开张。萌芽力和发枝力较强，结果早。以短果枝和短果枝群结果为主。丰产，较稳产。物候期与金花梨基本一致，仅果实成熟期较金花梨晚 1 周左右。主要用作金花梨的授粉品种。适应性与金花梨相近。

二、砂梨系统的品种

（一）苍溪雪梨

苍溪雪梨原产四川苍溪县。为我国砂梨系统中著名品种之一，是四川省三个国优梨品种之一。主产在四川的广元市。

果实特大，平均单果重445克，最大1850克。纵径12.2厘米，横径9.0厘米，长卵圆形或瓢形。果皮深褐色，果点大而多，明显，果面粗糙。果梗长约6厘米，粗2.9毫米，梗洼浅而狭。萼片脱落，萼洼深广中等。果心中偏小，5心室，果肉绿白色，脆嫩，石细胞少，汁多，味甜，含可溶性固形物10.7%～14%，总糖5.89%，总酸0.11%，品质上等，果实耐贮。

该品种幼龄时期生长旺盛，随着树龄增长，树势趋向缓和，生长势中等，枝条开张，一年生枝细而节间长，叶片卵圆狭长，叶柄长。萌芽力和成枝力中等。4年开始结果，以多年生短果枝结果为主，占67%，花序坐果率85%，每个花序平均坐果1.32个，果枝连续结果能力弱，连年结果枝占5.55%，结果枝的寿命可达10年以上。丰产性强。在栽培上可用崇化大梨、金川雪梨作授粉品种。在四川简阳市2月中旬花芽开始萌动，3月上中旬盛花，9月中下旬成熟，11月中旬落叶。

苍溪雪梨适应性较广，花期早，易受倒春寒的影响，果大枝长，抗风能力弱，易发生采前落果，对病虫害的抵抗能力弱，黑星病、黑斑病、食心虫、象鼻虫危害较重。耐旱力较强。

（二）黄花梨

黄花梨系浙江大学园艺系用黄蜜梨和早三花杂交育成，已成为我国长江流域及其以南地区的主栽品种，截止2000年已推广栽培达100万亩。

果实中等大，平均单果重210克，最大750克。果实呈阔圆锥形。果皮底色为黄绿色，果面绝大部分盖有黄褐色锈，仅在萼端有小面积无锈，果面稍粗糙，果点中等大。果梗长 3.3 厘米，粗 3 毫米，梗洼中深、中广，有肋状突起。萼片宿存，直立，基部分离；萼洼中深、中广。果心中大或小，5 个心室。果肉白色，肉质中粗、松脆，石细胞少，汁液多，味甜或酸甜，微香；含可溶性固形物 11.8% ~ 14.5%；品质上等。果实在常温下可保存 7 ~ 10 天。

该品种植株生长势强，树冠开张，幼树较直立。萌芽力较强，占总芽数的 76.92%，发枝力中等，一般剪口下抽生 2 ~ 3 条长枝。开始结果早，2 年生开始结果，容易形成花芽和短果枝，以短果枝结果为主，果枝连续结果能力强，丰产稳产。宜用湘南、金水二号、丰水作授粉品种。在四川简阳市 2 月下旬花芽萌动，3 月下旬为盛花期，7 月下旬至 8 月初成熟，11 月下旬落叶。

黄花梨适应性强，病虫害少，开花期较迟而且比较长，少受倒春寒的不良影响。

（三）丰水梨

丰水梨系日本农林省园艺试验场 1954 年育成，亲本为（菊水×八云）×八云。我国南方 14 个省、市、区有分布。

果实中等大，平均单果重 163 克，最大达 400 克以上。圆形或不正圆形。果皮锈褐色，阳面微有红褐色，果面稍粗糙，果点大、多。果梗长 4.1 厘米，粗 2.8 毫米，梗洼中深狭。萼片脱落，萼洼深广中等。果心中大，5 心室，果肉黄白色，肉质细嫩，柔软多汁，味甜，石细胞极少，含可溶性固形物 9.6% ~ 13.3%，总糖

9.0%，总酸 0.16%，品质上等，常温下可贮存 7 ~
10 天。

该品种植株树势强健，树姿半开张，萌芽力强，发
枝力弱。3 ~ 4 年开始结果，以短果枝结果为主，中、长
果枝及腋花芽较多，花芽容易形成，果台副梢抽生能力
强，有的能抽 2 ~ 3 根副梢，连续结果能力中等。较丰
产。宜用金水 1 号、金花梨、幸水作授粉品种。在成都
龙泉驿区 2 月下旬花芽萌动，3 月中下旬盛花，7 月下
旬成熟，11 月下旬落叶。

丰水梨适应性较强，对黑斑病、黑星病的抗性
中等。

（四）翠伏梨

翠伏梨系湖北省农业科学院果树茶叶研究所 1958
年用长十郎与江岛杂交育成，又称金水二号。全国产梨
区都有该品种栽培。

果实中等大，平均单果重 190 克，最大者达 230 克。
纵径 7.4 厘米，横径 7.6 厘米，果实近圆形，肩部略瘦
削。果皮绿黄色，肩部间或有突起，并有小片锈，果面
平滑，有光泽，果点较大、但稀。果梗长 3.5 厘米，近
果实处肉质；梗洼浅狭。萼片脱落；萼洼中深，中广。
果心中等大偏小，可食部分 85%。果肉白色，肉质细嫩
而脆，汁液特多，味酸甜，微香；含可溶性固形物
12%；品质上等。果实在常温下可存放 15 天左右。

该品种植株生长势中偏强，树冠中等大，树姿较开
张，枝条粗壮直立，节间短，叶片厚而浓绿。结果年龄
早，定植后第二年开始结果。萌芽力强，发枝力中等。

以短果枝结果为主，腋花芽结果也较多，丰产稳产。可用金花梨、二宫白等作授粉树，并增施磷、钾肥增强抗病性。在成都龙泉驿区 2 月下旬花芽萌动，3 月中下旬盛花，7 月中旬成熟，11 月下旬落叶。

翠伏对土壤条件要求较高，适应于土层深厚，透水性能良好的条件；如在瘠薄土壤上栽培，则有裂果现象。抗寒力较强。对黑星病和黑斑病的抵抗力较强，对轮纹病的抵抗力中等。

（五）金水一号

金水一号系湖北省农业科学院果树茶叶研究所育成，杂交组合同金水二号。我国南方产梨区均有栽培。

果实中等大或大。平均单果重 160 ~ 250 克。纵径 6.2 ~ 7.0 厘米，横径 6.7 ~ 7.5 厘米，果实呈圆形，肩部略瘦小，果皮绿黄色，果面较粗糙，有条锈和锈斑，果点中等大，蜡质少。果梗长 4.0 厘米，粗 2.5 毫米；梗洼浅，中广，有锈。萼片脱落，萼洼中深，中广，有锈。果心中等大，5 心室。果肉白色，肉质细、松脆，石细胞少，汁液多，味淡甜；含可溶性固形物 10.5% ~ 12.0%，总糖 6.84%，总酸 0.12%；品质中上等。果实常温下可存放 15 天左右。

该品种植株生长势较强。幼树较直立，枝条较粗壮。萌芽率达 71.58%，发枝力弱。以短果枝结果为主，腋花芽结果也较多。较丰产稳产。主要用作丰水等的授粉品种。在四川简阳市 2 月下旬花芽萌动，3 月中旬盛花，8 月上中旬成熟，11 月底开始落叶。

金水一号适应性中等，抗寒力中等，对黑星病积轮纹病的抵抗力不甚强。

（六）幸水梨

幸水梨原产于日本静冈县，亲本为菊水×早生幸藏。在我国南方产梨区均有栽培。是浙江省主要的外销品种之一。

果实中等大，平均单果重164克，最大果重290克。纵径5.0厘米，横径为6.8厘米，扁圆形。果皮淡黄褐色，果点中大、多。果梗长3.44厘米，粗2.7毫米。梗洼深广中等。萼片脱落，萼洼深而广。果心小，6~8心室。果肉雪白色，肉质极细嫩，柔软多汁，味浓甜有香气，石细胞极少，含可溶性固形物11%~14%，总糖6.78%，总酸0.076%，品质上等。耐贮性中等。

该品种树势中庸，枝生长力旺盛，枝条稍细，发芽力中等，抽枝力弱。一般剪口下发1条长枝，枝条短。开始结果早，一般定植后2~3年便可结果，以短果枝结果为主，短果枝占84%，长果枝占6%，中果枝占6%，腋花芽占4%。果台副梢抽生能力中等，2~3年便枯死。较丰产稳产。可用丰水作授粉品种。在四川中部丘陵地区2月下旬花芽萌动，3月中下旬盛花，7月上旬成熟，11月底开始落叶。

幸水梨适应性较广，抗黑星病、黑斑病能力中强，抗旱、抗风力中等，是平棚栽培较理想的品种。

（七）翠冠梨

翠冠梨系浙江省农业科学院园艺研究所与杭州市果树研究所以幸水为母本，杂交单株6号（杭青×新世纪）为父本杂交育成。1998年开始推广，已成为南方

14 个省、市、区发展早熟梨的首选新品种。2005 年通过四川省农作物品种审定委员会审定。

果实大，较黄花梨和丰水梨个头大，平均单果重240 克，大果重 450 克；果实近圆形，果形指数 0.96。果皮黄绿色、光滑、似新世纪，果肩部果点稀、果顶部较细密，萼片脱落。果面有少量锈斑。果肉细而松脆、白色、味浓甜、汁液多、果心小，含可溶性固形物12.0% 左右，品质特优。四川中部丘陵地区 6 月底至 7 月上旬成熟，常温下可贮存 10 天左右。

该品种树势强健，树姿开张，萌芽力和成枝力均强，新梢年生长量可达 142 厘米。幼树以长果枝结果为主，成年树以短果枝结果为主，短果枝连续结果能力弱。腋花芽易形成，具有一定的结果能力。开花期中偏晚，以翠绿、新雅、清香作授粉品种为佳，黄花梨也可作其授粉品种。丰产稳产。

翠冠梨适应性广，抗逆性强，要求栽培的立地条件要好。

（八）翠绿梨

翠绿梨系浙江省农业科学院园艺研究所和杭州市果树研究所以杭青为母本，新世纪为父本杂交育成。1999 年开始推广，是南方地区早熟梨重点发展品种之一。

果实中偏大，平均单果重 210 克，最大 420 克；果实圆形，大小整齐一致。果皮白绿色，充分成熟转为黄色；肉质松脆，汁多味甜，含可溶性固形物 12.5%；果心中等大，可食率 90% 以上，品质优。四川中部丘陵地区 6 月下旬至 7 月上旬成熟。在常温下较丰水、黄花耐贮存。

该品种树势中庸，树姿开张；萌芽力中等，成枝力强；幼树以长果枝和腋花芽结果为主，成年树以短果枝结果为主；腋花芽特别多，花芽大而突出，节间短，果枝粗；坐果率高，易丰产。花期中偏晚，以翠冠、黄花作其授粉树为佳。

翠绿抗逆性强，对肥水条件要求高。

（九）清香梨

清香梨系浙江省农业科学院园艺研究所以新世纪梨作母本，三花梨作父本杂交育成的新品种。1999年开始推广，2000年获浙江省早熟梨评优第一名。

果实大，较黄花梨、丰水梨大，平均单果重250克，最大果重可达500克以上。果实长圆形，果肩圆形。果皮红褐色，较光滑，果点中等大、较均匀，萼片宿存。果肉乳白色，肉质较细、紧而脆，汁多味甜，可溶性固形物11%～13%。果心小，可食率极高，品质优。果实外观较黄花梨美，品质特好，极具发展潜力，在四川中部丘陵地区7月上中旬成熟，较耐贮。

该品种树势中庸，树姿较开张，萌芽力和成枝力中等。以短果枝结果为主，腋花芽易形成，并具一定结果能力。开花期较翠冠、翠绿早1～3天。宜中、高密度栽培，可用黄花梨作授粉品种，丰产稳产。

清香梨抗逆性强，要求较好的立地条件和较高的施肥水平。

（十）爱宕梨

爱宕梨系日本用20世纪作母本，今村秋作父本杂交育成，1985 年从日本引入，目前我国主要产梨区均有栽培。

果实特大，平均单果重 415 克，最大单果重 2100 克。果实呈偏圆形，果形指数为 0.85，果皮黄褐色，果梗中粗、中长，梗洼深，萼片脱落，萼洼狭深；果面较光滑，果点较小、中等密度；果肉白色，石细胞少，肉质细腻，甜脆多汁。含可溶性固形物 12.7%、总糖 7.06%、总酸 0.13%，品质上等。在四川中部丘陵地区 9 月上旬成熟，特耐贮。

该品种树势健壮，树姿直立，枝条粗壮；叶片肥大，叶缘为锐锯齿形。萌芽力强，成枝力中等。以短果枝和腋花芽结果为主，有一定的自花结实能力。结果早，定植后第二年可试花结果。四川中部丘陵地区 3 月中旬开花，可用金花梨作授粉品种，可高密度栽培，丰产稳产。对黑星病和干腐病有较强抗性。

（十一）大果黄花梨

大果黄花梨系从黄花梨芽变选育出的优良新品种。1999 年通过江苏省农作物品种审定委员会审定。

果实大或特大，平均单果重 364.5 克，最大果重 702 克，果实纵径 9.3 厘米，横径 7.8 厘米。果实扁圆锥形，果形端正，梗洼较窄、较浅，萼片宿存；果皮底色黄绿，完熟时红褐色，果面有助状突起和黄褐色果锈，果点较多；果肉乳白色，果心小，肉质酥脆，汁液多，细嫩，石细胞少；风味较甜，含可溶性固形物 9.5%。在四川中部丘陵地区 7 月下旬至 8 月上旬成熟。

其他特性与黄花梨基本相同。

（十二）金秋梨

金秋梨系湖南省安江农业技术学校从黔阳县大崇乡新高梨中选出的芽变品种。

果实扁圆形，果形指数0.86，单果重320克，果皮黄褐色、光滑，果肉白色，肉质细脆，汁多味甜，石细胞极少，可溶性固形物13%；果心小，可食率达84.9%，品质上等。较耐贮藏，在四川中部丘陵地区8月上中旬成熟。

该品种树势强健，萌芽力强，成枝力弱。以短果枝结果为主，结果早，栽植后第两年可试花结果。可用黄花作授粉品种。抗逆性强，适应性广。

（十三）黄金梨

黄金梨系韩国园艺试验场罗州支场用新高梨作母本，20世纪梨为父本杂交育成，1984年正式命名为黄金梨。2005年通过四川省农作物品种审定委员会审定。

果实大，平均单果重260.5克，大者可达500克；果实圆形，纵径7.1厘米，横径8.1厘米；果面底色绿色，套袋果果皮黄白色，果点较大、但很稀，外观极其漂亮，在高温多湿环境中栽培易产生果绣；果柄长，脱萼；果肉较丰水梨和黄花梨细嫩，乳白色，果心小，可食率90%以上，品质极佳，可溶性固形物12.6%，总糖9.36%，总酸1.39克/千克，维生素C 1.8毫克/100克。在四川盆地丘陵地区7月底至8月中旬成熟。常温下可贮存10天左右。

该品种树势强健，树姿半开张，成枝力较弱，极易形成腋花芽和短果枝，早结丰产性特强。适应性强，在高原、丘陵、平原地区均能正常生长结果，叶片对黑星病和黑斑病的抗性较强。该品种花器官发育不完全，雌蕊发达，雄蕊退化，花粉量极少，宜配两个授粉品种。四川中部丘陵地区可选金花梨、龙泉酥梨等作授粉品种。

三、白梨与砂梨的杂交后代

（一）黄冠梨

黄冠梨系石家庄果树研究所以雪花梨为母本，新世纪为父本杂交育成，1996 年 8 月通过品种鉴定。2000 年获江苏省早熟梨评优第一名。

果实中偏大，平均单果重 235 克，最大果重 360 克，果实椭圆形，端正整齐；果皮黄色，果面光洁，无锈斑，果点小而密，外观类似金冠苹果；萼片脱落，果柄细长；果心小，果肉洁白，肉质细腻，石细胞及残渣少，松脆多汁；风味酸甜适口，并具浓郁香味，品质上等，可溶性固形物 11.4%。在四川中部丘陵地区 7 月下旬成熟。常温下可贮存 10 天左右。

该品种树势健壮，树姿直立，幼树生长较旺盛；萌芽力强，成枝力中等。以短果枝结果为主，果台副梢连续结果能力强，幼树有明显的腋花芽结果现象。结果早，2～3 年生开始结果。由于树形紧凑，较适宜密植栽培。抗性强，特别是抗黑星病能力强，整个生长期一般很少染黑星病。授粉品种在较冷凉地区可选雪花梨作授粉品种，四川中部丘陵地区可选金花梨，金水 1 号等作授粉品种。

（二）苍梨6－2

苍梨6－2系四川省苍溪县农业局果树站以苍溪雪梨为母本，河北鸭梨作父本杂交育成。在广元市栽培较多。

果实大，平均单果重327克，果实大小整齐，果实短瓢形或倒卵形，纵径8.5厘米，横径7.7厘米；果皮浅黄褐色，有光泽，果点较小，灰褐色，萼片脱落，萼洼深广，呈漏斗状，果柄长4.01厘米，柄粗0.24厘米，有韧性；果心小，果肉白色，细脆化渣，汁液多，甜酸爽口，风味浓，有香气，含可溶性固形物14.4%，总糖8.70%，总酸0.102%，品质上等。在苍溪县8月下旬成熟，果实发育期150天左右。果实耐贮。

该品系树势强健，树姿开张，多年生枝同亲本鸭梨一样披垂；萌芽力强、成枝力弱，定植后3年开始结果。以短果枝结果为主，丰产性较强。以苍溪雪梨作授粉品种为佳。

（三）苍梨5－51

苍梨5－51系四川省苍溪县农业局以河北鸭梨作母本，苍溪雪梨作父本杂交育成。现广元市栽培较多。

果实大，平均单果重348克，果实大小整齐；果实呈瓢形，纵径8.1厘米，横径7.8厘米。果皮浅黄褐色，有光泽。果点小，灰褐色。萼片脱落，萼洼深广，呈漏斗状。果柄长5.7厘米，粗0.26厘米，有韧性。果肉白色，褐变慢，质地细脆、化渣、汁多，酸甜爽口，清香，总糖8.12%，总酸0.102%，品质上等。果心小，耐贮。在广元市8月下旬至9月上旬成熟。

该品系树势强健，树姿开张，萌芽力中等，成枝力弱。定植后4年开始结果，以短果枝果为主，自花结实力弱，可用苍溪雪梨作授粉品种。较丰产。对黑星病、黑斑病的抗性比亲本强，对风害有很强的抗御能力。

（四）中梨1号

中梨1号山东称为绿宝石梨，系中国农业科学院郑州果树研究所所用新世纪作母本，早酥梨作父本杂交育成。

果实中等，平均单果重220克，最大450克。果实近圆形，果面较光滑，果点中大，翠绿色，采后15天鲜黄色。在高温多湿地区栽培有少量果锈。果梗长3.8厘米、粗0.3厘米。梗洼、萼洼中等。萼片脱落。果形端正、外观美。果心中等大，果肉乳白色，肉质细脆，石细胞少，汁液多，可溶性固形物11.5%，总糖9.67%，总酸0.08%，甘甜可口，有香味，品质上等。货架期20天左右。在成都地区7月中下旬成熟。

该品种生长势特强，萌芽率较高，成枝力弱。结果较晚，定植后第三年可挂果。自花结实率较高，达15%，花期中偏晚，四川盆地栽培上宜用金花梨作授粉品种。对轮纹病、黑星病、干腐病有较强的抗性，抗旱、耐涝、耐瘠薄。以冬季较冷凉的地区栽培为佳。

第四节　梨树优质高产配套栽培技术

一、培育壮苗

培育壮苗，繁殖高质量的苗木，是新建梨园获得早结果、早丰产、高产、稳产的重要基础。苗木质量的优劣，直接影响栽植的成活率和植株的生长、整齐度、结果的早晚、产量的高低和寿命的长短。

（一）壮苗的标准

培育的 1 年生壮苗，地上部要求苗高 80~120 厘米，嫁接口距根颈处控制在 8 厘米以内，接口上 5 厘米处粗度 0.8~1.2 厘米，距根颈 40 厘米以上的芽饱满，苗茎的倾斜度不大，茎皮无干缩皱皮、无伤，结合部愈合良好，砧龄为 2 年。壮苗的地下部侧根分布均匀、舒展、不卷曲，侧根有 5 条以上，每条长 20 厘米以上，有较多的须根。

（二）乔砧苗的培育

梨树砧木多用种子繁殖，由于梨树是异花授粉植物，所产生的种子为杂种性，一般栽培品种的种子长出的苗木变异很大，不宜用作砧木。野生种由于本身遗传性很强，尽管也是异花授粉，但种子播后变异性较小，所以繁殖优良品种要用野生种作砧木。

1. 选用适宜的野生种作砧木

四川常用的梨砧木为川梨和豆梨。其主要特性为：

（1）川梨　产于我国西南部，四川省凉山彝族自治州有成片分布。根系发达。对土壤适应性强，适宜 pH 值 5.0～7.5 的土壤种植，在四川中部丘陵地区 pH 值大于 7.5 的紫色石谷子土上种植，嫁接树易出现缺素黄化。耐涝，抗旱，耐寒。与各系统梨嫁接亲和力均好，并有一定的矮化效应，是四川、重庆梨高密度栽培中最常用的砧木。

（2）豆梨　产于华东、华南，在山东、河南、江苏、江西、浙江、湖南、湖北、安徽、福建、广东、广西等省区都有分布。粗根少，侧根多，根系较深。适宜温暖、湿润的气候，在黏重土壤上生长良好，抗旱、耐涝、较耐盐碱，耐瘠薄能力仅次于杜梨。与中国梨嫁接亲和力强。pH 值 7.5～8.5 的紫色石谷子土上种梨宜选用豆梨作砧木。

2. 种子的采集和保存

梨砧木种子在果实成熟时采集，在 9～10 月份；采收后，用木杵捣碎果肉或用小四轮拖拉机压碎果肉，堆放使之腐烂。堆不宜太高大，以免发热过高，过一定时间，适当少量浇水，并翻动，使堆温不高于 40℃，经一周左右，果肉腐烂后，用水冲、淘、搓、揉取得种子，淘净晾干。四川盆地晾干的种子可装入新的塑料编织袋中，每个编织袋装 10～20 千克，然后置于无老鼠出没的阴凉干燥处，或吊于不被老鼠为害和阳光照射的屋檐下，让其自然接受低温处理。

3. 播种时期

在冬季不太寒冷的地区可早播，较寒冷地区宜晚播。四川中部丘陵地区宜 2 月上中旬播种。

4．播种方法

一般采用撒播。在播种前 3～5 天，将用作苗圃的地深翻 20～30 厘米或旋耕 2～3 次，去除杂草和石块，耙平作畦。畦宽 1.2 米，畦与畦之间留 50 厘米的间距作人行道和取土压膜，畦向以南北向为佳。畦做好后，立即施一次清粪水。播种前一天，一方面对畦面灌一次透水，另一方面对砧木种子进行温水处理。其方法为：将种子倒入盛有 45℃ 左右的温水中，迅速搅拌，待水温下降到 20℃ 后，静置泡 12～15 小时，过滤出吸足水分的种子等待播种。播种时，先将畦中土疏松、弄平；然后均匀撒入种子和呋喃丹（每亩用 4.0 千克），适当浇一些水，最后盖一层厚 0.5 厘米左右的细土平铺地膜保湿增温。

5．播种后的管理

当种子开始萌发时，每天注意观察，当畦中大部分种子萌发时，及时用竹片将地膜拱起，并喷一次防治立枯病的杀菌剂；当外界气温急剧升高时，应注意揭膜炼苗，使小拱棚内气温控制在 25℃ 以下；到 3 月中旬可去膜，并喷药防病和及时除草。当苗长到 4～5 片真叶时，便可移植。

6．幼苗的移植

四川中部丘陵地区一般在 3 月底至 4 月上旬的阴天进行移植。按 3 米开厢，厢与厢之间留 60 厘米的人行操作道，厢内按 25 厘米的行距、10 厘米的株距移植，每亩移植 2 万株。移植过程中要注意保护幼苗根系，移植后立即灌一次透水，隔 1～2 天再灌一次透水。

7．移植后的管理

幼苗移植后经过 25～30 天的缓苗期，开始发新根和新叶。从此时起，勤除杂草和勤施薄施农家肥和速效氮肥，并加强病虫害的防治。到 7～8 月进入旺盛生长期时，可重施 2～3 次肥水。当砧木苗长到 60～70 厘米高时，及时摘心促使苗干增粗。

（三）嫁接苗的培育

1．嫁接的时期

四川盆地以春季嫁接为主，秋季嫁接田间操作十分不便。春季嫁接的具体时期为立春前 10 天至 3 月 10 日左右。2 月底以前嫁接的需进行地膜覆盖促进嫁接口愈合，2 月底后嫁接的可不覆盖地膜。

2．良种接穗的采集与保存

应在嫁接前 10～30 天采集好接穗。接穗采集时要注意品种的纯度和质量，在确保品种纯度的前提下，采取盛果期树冠外围中上部的粗度在 0.6～0.8 厘米的长度为 50～60 厘米的营养枝或长果枝。接穗采好后，按 50 枝一捆用布带绑扎，并挂牌标明品种名称。接穗运到嫁接地后需选一个较潮湿的房间进行沙藏保存，间隔 5～7 天翻动一次。

3．嫁接方法

春季梨苗嫁接主要采用切接法。先将接穗削成两个削面，一长一短，长削面 1.5～2.1 厘米，短削面 0.8 厘米左右，与长削面成 45 度的左右夹角，接穗留一个饱满芽。砧木在距地面 5 厘米处剪截，削平截面，在木质部的边缘向下直切 1.5 厘米左右长的接口，将削好的接穗插入切口，长削面向内，小削面向外，接穗与砧木形成层对齐，如两面不能对齐，可一面对齐，用聚氯乙烯塑料条将接口绑紧包严。嫁接前如果土壤缺水，应提前3~5天灌一次透水。

4. 嫁接苗的管理

（1）补接　嫁接后10~15天，巡回检查嫁接的成活情况，发现未成活者要及时补接。

（2）除萌　为促使接芽萌发与抽梢，应及时对砧木上抽生的嫩芽进行抹除。

（3）追肥、浇水、除草　嫁接苗抽梢后，每隔20天左右除一次草，并结合浇水，追施一次速效氮肥，每次每亩追施硫酸铵10~15千克或尿素7~8千克，连进行4次即可。从6月起，重点转向根外追肥，促使嫁接苗健壮生长。

（4）病虫害防治　重点对蚜虫、金龟子、梨叶瘿螨和黑星病、黑斑病进行防治，确保嫁接苗正常生长。

二、合理密植

（一）确定栽植密度的依据

1. 品种特性

树势中庸，成枝力弱，树姿开张，以短果枝结果为主的品种，可高密度栽植；树势强，成枝力强，树姿直立，以中长果枝结果为主的品种，可进行中密度栽植。

2. 经济栽培年限

乔砧密植，可以获得早期丰产的效果是非常明显的，但随着树体的增大，后期树冠郁闭，产量会逐年下降。但是如果充分利用最佳丰产期，精细管理，连年丰产，到一定年限则分期分批间伐或全园更新，经济效益显著。中密度栽培可连续丰产 15～20 年，高密度栽培可连续丰产 12～15 年。

3. 建园的立地条件

土壤肥沃，土层深厚，水源条件好的地段建园，栽植密度可适当小些；土壤较瘠薄，土层较浅，水源条件欠佳的地段建园，栽植密度可适当大一些。

（二）四川常用的栽植密度

1. 中度密植

株行距为 2.0～2.5 米×3～4 米，每亩栽植 66～111 株。

2. 高度密植

株行距为 1 米×2～3 米或 1.5 米×3 米，每亩栽植 148～333 株。

（三）定植时期

定植时期应根据当地的气候条件确定，亚热带气候区，冬季温暖，气候温润，从苗木开始落叶的 11 月初至第二年的雨水节前均可定植，以秋末冬初定植最佳，冬季气候寒冷、干旱、风大的地区，以春季立春至雨水之间定植为佳。

（四）定植技术

定植苗木前一个月完成果园规划和深耕改土。果园规划中，行向的确定应遵循三条原则：行向尽量采用南北行向，切忌东西行向；定植行尽量水平，以减少水土流失；定植行尽可能与主要道路交叉，便于进出梨园等。行向确立后，中度密植建园的采用挖大穴（1 米见方）的方式改土，高度密植建园的采用壕沟式（80 厘米宽，60 ~ 80 厘米深）改土。回填时底层压入较粗的作物秸秆、绿肥，回填 50% 的泥土后，再压入一层优质有机肥（每株按 25 ~ 50 千克施入）和过磷酸钙（每株按 0.5 ~ 1.0 千克施入），最后回填余下的所有挖出的泥土，边回填边弄碎泥块。在作好上述工作后，立即灌一次透水，以加速作物秸秆、有机肥分解和土壤下沉。定植前 2 ~ 3 天起苗最好，起苗时每株苗必须保留 20 厘米长的主根，起苗后用湿稻草保护根系。定植时，先授粉树后主栽品种，授粉树按间隔四行栽一行或间隔 4 株栽 1 株，使之在田间均匀分布；苗木定植深度以土壤下沉后根颈刚露出地面为宜；苗木定植要用湿润的细表土覆盖根系，轻提振动根系后压紧，增加根系与土壤的接触面；定植好的梨苗要垂直于地面；定植后每株梨苗要作出直径为 60 厘米的树盘，并及时灌足定根水，间隔 3 ~ 7 天再灌 1 ~ 2 次水，冬春干旱严重的地区应在树盘上用稻草和塑料薄膜进行覆盖，以确保梨苗成活，力争建园一次性通过苗木成活关。

三、梨园的土肥水管理

（一）土壤管理

梨树是多年生果树，长期生长在固定的土壤上，因此加强土壤管理，改善土壤条件，对提高梨树的产量和果品质量有很大的作用。四川雨量较多，土壤较黏重，透气性能差，夏秋季高温干旱，地面温度常达 50℃ 以上，不利于根系的生长和养分的吸收，土壤管理要以深耕改土为重点，多施有机肥，创造有利于土壤微生物活动的环境，改善土壤结构，使之透气、保水、保肥，为梨树提供充足的养分和水分。幼龄梨园行间间作绿肥、豆科作物、叶用蔬菜等，不仅能培肥地力和改善果园的环境条件，而且能获得一定的经济收入；成年梨园生长季节实行清耕，冬季行间间作绿肥。

（二）肥水管理

梨幼树施肥应贯彻以氮肥为主，有机肥、化肥、水相结合，土壤施肥与根外追肥结合，勤施薄施的原则，迅速通过长树关。定植后的第一年，从3月下旬芽萌动开始，到9月下旬止，每隔20～30天环状沟施一次肥水，以腐熟的有机肥为主，每次每株10～15千克人畜粪水，5月份前的新梢抽发生长期不宜施用速效化肥，其后每次每株可施尿素、硫酸铵25～50克，并结合喷药防病虫加0.3%尿素或0.3%的磷酸二氢钾根外追肥；从10月上旬起每隔10天，叶面喷施一次0.5%磷酸二氢钾和0.3%的尿素，连喷2～3次，以充实枝条。定植后第二年起，高度密植园土壤施肥改为平行于行向的条沟施肥、中度密植的仍用环状沟施肥，每年土施萌芽肥、壮果肥、采果肥、基肥4次；萌芽肥四川中部丘陵地区每年2月中下旬施入，以速效性氮肥、腐熟的人畜粪为主，每株施尿素0.05～0.25千克、人畜粪10～50千克，并灌透水一次；壮果肥小满至芒种施入，以施氮（N）、磷（P）、钾（K）三元素复合肥为佳，施肥量占全年施用量的50%，以促进幼果迅速膨大、花芽分化、提高叶片光合性能和果实品质，每亩施尿素 26.7 ~ 53.4 千克、氮（N） – 12、磷（P） – 6、钾（K） – 5 三元素复合肥 66.75 ~ 267 千克，每株施人畜粪 25 ~ 50 千克，并灌透水一次；采果肥在采果前后施入（8 ~ 9 月），以增加树体营养的积累和促进根系生长，提高树体的抗逆性，其施肥量占全年施肥量的 20% ~ 30%，以氮肥为主；基肥为梨树全年生长发育的基础性肥料，以圈肥、厩肥、堆肥、饼肥等缓效性肥料为主，并掺入 2% ~ 3% 的过磷酸钙和磷肥，以 10 月中旬前结合土壤中耕灌透水施入；叶面施肥从梨谢花 10 天后起，间隔 10 ~ 15 天使用一次，共喷施 4 次含钙 21.8 %、镁 10 %、硼 2 %、锌 1 %、铁 1% 的高钙营养剂 2000 倍液。果实采收后，建议以 1500 倍稀释液使用 2 ~ 3 次，对来年的生长树势及开花结果有很大的帮助。

四、整形修剪

整形修剪，是树冠的一种管理措施。按照栽培目的要求，通过人为整形，逐年把树冠培养整理成合理的树形结构。正确的整形修剪，能使树冠中的大枝构成牢固合理的树形骨架，使各类结果枝组得到合理安排；能使幼年树快速成形早结果；能使成年树生长结果平衡稳定，延长盛果年限；能调节树势、光照、树冠大小及产量多少，从而达到光照良好，树势稳壮，利于成花，生长结果协调、丰产优质，方便作业管理，实现低耗高效的栽培目的。生产上常用的两种树形为纺锤形和水平台阶形。

（一）纺锤形

纺锤形又称中心主干形，适用于中度密植栽培梨园中使用。其树体结构为：主干高50厘米左右，全树高不超过3米，冠径2.5米左右，有一个生长势强的中心干，并在其上自然上下着生10个左右的大分枝（也称枝组）。枝组的粗度和长势不能超过中心干，上部比下部枝组短，枝组间距20厘米左右，同一方向的两个枝组间距不小于40厘米，结果枝组呈上小下大、上稀下密，枝组角度保持在60~80度之间，整个树形为塔形。

纺锤形在幼树整形修剪时，侧重于长放和拉枝，少用短截和疏枝，适当配合环割等成花措施。定植后于70~80厘米处定干，主干距地面50厘米以下的萌芽全部抹除。夏季对长度在60厘米以上的枝条拉枝开角至60~80度。以后每年照此螺旋式向上留枝。随着树龄增大，枝条增多，注意疏除直立徒长枝和密生枝，对部分徒长枝采用扭梢等方法改变其生长角度，同时对辅养枝环割以促进形成花芽，提早结果。一般4~5年树冠即基本成形。

（二）水平台阶形

水平台阶形适用于高度密植的梨园。其树体结构为：主干高40~50厘米，全树高2.0米左右，树冠为扁形，主枝4个。相邻主枝垂直间距40~50厘米，同侧上下主枝垂直间距80~100厘米，主枝下大上略小，主枝开张角度70~85度，整个树形为水平台阶形。

水平台阶形在幼树整形修剪时，侧重于春季拉枝和刻芽，少用短截和疏枝。定植后的第一个春季（芽萌动膨大期），在梨苗距地面40～50厘米处弯曲培养第一主枝，其弯曲方向与行向成45度左右的夹角，并用竹条和绳固定，弯曲后的主枝基本与地面平行；然后在弯曲部位正上方选一饱满芽目刻，并用抽枝宝涂抹芽体，以促生旺枝，以备第二年春季拉枝培育第二主枝。第二年春季，将第一年目刻培育出的旺枝距离地面80～90厘米处水平弯向第一主枝相反的延伸方向，同样在弯曲部正上方选一饱满芽目刻培育用于培养第三主枝的旺枝；如果第一年目刻芽未抽出枝，就必须选一壮芽在弯曲部位枝腹接，待5～6月接芽抽梢到80厘米时再弯曲培养第二主枝；上一年目刻处芽抽生长度低于70厘米的，也要在5～6月新梢半木质化后再弯曲培养第二主枝。第三、第四年采用相同的方法培育第三、第四主枝，第三主枝与第一主枝延伸方向相同或相近，第四主枝与第二主枝延伸方向相同或相近。通过3～4年，树冠基本形成。

主枝上抽生的枝梢，在每年的早春和5月底至6月中旬拉水平或短截摘心促分枝。冬季修剪，以促进4个主枝的延长枝旺长为主，以保持各主枝的优势地位，主枝上抽生的接近主干的枝采取短截促分枝培养较大的结果枝组、主枝中部培育小型结果枝组，主枝延长头以营养生长为主。

五、人工授粉

梨园因授粉树花粉量不足，或花期气温较低无蜜蜂活动，或阴雨的影响，梨树花粉的传播和正常授粉受精受到不利影响，必须采用人工辅助授粉来提高坐果率，实现高产稳产。方法为：初花期采集授粉树的大蕾花，或周围的一些地方品种的大蕾花取出花药，在26℃左右的温度下干燥24小时左右，即可得到黄色的花粉；然后盛于干净的玻璃瓶中，置于低温（5℃左右）阴暗环境中保存，待盛花初期即可用干净的毛笔等点授。每个花序最多点授2朵花。遇阴雨天，点授后用微膜袋套花序增温防雨。

六、增加果实细胞数

从人工授粉的最后一天的次日计起的第10～15天，喷一次1.5%的含细胞分裂素的果斯达2000倍液，可大幅度增加果实细胞数。

七、疏果与幼果移植

梨花经人工授粉后，坐果率都比较高。为了生产优质果，必须从谢花后25天开始疏果，谢花后45天疏果结束。疏果的标准可用叶果比法，也可用枝果比法，一般以20～25∶1的叶果比或3～4∶1的枝果比留果最佳。盛果期梨园每亩控制在2500～3000千克水平。

幼果移植是稳产的一项新技术。移植时期为谢花后25～35天。方法是将坐果率高的单株需疏掉的幼果，腹接在坐果少的植株枝条上，间隔25厘米左右移植一个。幼果移植后，用微膜袋保湿25天左右即开始膨大生长。幼果移植前1～2天需彻底喷一次杀菌剂，常用40%的福星+70%甲基托布津。

八、促进果实细胞增大

在谢花后 25 ~ 35 天期间，对树上保留下的果实的果柄均匀涂抹 2.6% 果实膨大脂膏（有效成分 GA4 + 7），可明显促果实细胞膨大。

九、适时套袋

套袋能提高梨果的外观品质，降低果实中农药的残留量，防止病虫侵害幼果，确保丰产丰收。套袋的时期为谢花后 30 ~ 50 天。所用果实袋，绿色幼果可用半透明木黄色纸袋，褐色幼果用外褐内黑纸袋。为防病虫对套袋果危害，套袋前须认真喷一次高效杀虫杀菌剂，喷药时要喷匀、喷细，以水洗状为好。喷药后立即套袋，当天喷当天套，以防病虫入袋。

十、病虫害的综合防治

四川梨树病虫害不少，其中发生普遍、危害严重的病虫害约有 20 余种，这些病虫害对梨树生长、结果和果实的商品性有重要影响。

四川梨园重点应防治的病虫有梨黑星病、梨黑斑病、轮纹病、蚜虫、茶翅蝽、梨军配虫、梨大食心虫、梨小食心虫、山楂红蜘蛛、梨瘿蚊等十种，应实行综合防治。

1. 芽萌动期

喷一次波美 3 ~ 5 度的石硫合剂，并加入 0.3% 的五氯酚钠，以压低树体上的病虫基数。

2. 谢花时期

谢花 3/4 时，立即喷一次杀虫杀菌剂，间隔 15 天左右喷一次，连续喷 4~5 次。常用的杀菌剂有 56% 的代森锌 500~600 倍液、70% 的甲基托布津 1000 倍液、40% 的多菌灵 600 倍液、60% 的多霉清 1200 倍液；常用杀虫剂有 2.5% 敌杀死 2500 倍液、10% 吡虫啉 3000 倍液、80% 的敌敌畏乳剂 1000 倍液、1.8% 的爱福丁乳油 5000 倍液、5% 的阿维虫清 4000 倍液。上述杀虫杀菌剂交替组合使用。

3. 生理落果时期

生理落果结束后，及时疏果、喷药和套袋，使果实膨大至成熟免受病虫损害。套袋后重点防治侵害叶片的病虫，如蚜虫、军配虫、金龟子、梨瘿蚊和梨黑星病。根据田间发生的实际情况，选用高效低毒低残留的农药进行防治。采收前 1 个月禁止使用农药。

4. 梨生产中禁止使用的农药包括滴滴涕、六六六、杀虫脒、甲胺磷、甲基对硫磷、久效磷、磷胺、甲拌磷、氧乐果、水胺硫磷、特丁硫磷、甲基硫环磷、治螟磷、甲基异硫磷、内吸磷、克百威、涕灭威、灭多威、汞制剂、砷类等以及国家规定禁止使用的其他农药。

十一、适时采收、精细包装

梨果采收时期的早晚，对其外观和内质、产量及耐藏性都有重要影响。采收过早，果实未充分长大，物质积累不足，以致产量降低，品质差，易失水皱皮；采收过晚，果实过度成熟，易引起落果和病虫害。因此，应

　　根据品种特性，早熟品种宜适食成熟度时采收为佳，中、晚熟品种以接近生理成熟和种子变褐时采收。

　　梨果实含水量高、皮薄、肉质脆嫩，包装用品应不易变形，内衬材料应柔软，以减少碰伤、挤伤、延长鲜果寿命。

第四章
桃

四川省水蜜桃主产于龙泉山脉一带，是我国国家级的优质无公害水蜜桃生产基地之一。由于该区域春季气温回升早，盛花期比我国其他桃主产区的南京、北京等地早15~20天以上，因而桃果实成熟期也提前，尤其是桃早熟品种从5月上旬开始上市，率先占领全国桃市场，当北方地区早熟品种上市，四川省中熟水蜜桃已开始成熟，中熟品种与早熟品种相比，其品质优势同样明显。四川桃优良的品质和较高的知名度使其具有强大的市场竞争力。

桃的树枝美丽，先开花后长叶，花色粉红，叶片翠绿，果形美观，是理想的庭院和环境绿化植物。成都市龙泉山一带种植桃树上万亩，满山桃花烂漫，游人如织，以桃花为景点的"农家乐"盛行，既为城里人提供了踏青赏花的休闲场所，又增加了农民的收入，丰富了桃文化。桃树生长快，成花容易，一般定植后第二年即开花结果，3~4年初投产，7~8年进入盛果期。桃品种资源丰富，果实从5月开始采收，最晚的冬桃可延续到 12 月，鲜果期长达 8 个月之久。桃的果形、果肉、风味丰富多彩，能满足不同消费者的嗜好，为其他树种果实所不及。

第一节 主要优良品种

栽培桃品种根据果实性状和用途可划分为五个品种群：水蜜桃品种群、硬肉桃品种群、黄肉桃品种群、蟠桃品种群、油桃品种群。下面介绍四川种植面积较大的、综合性状较好，有发展前途的几个早、中、晚熟品种。

一、水蜜桃类

1. 京春（代号 74 - 16 - 5）

果实近圆形或卵圆形，单果重 120 克左右，大果 150 克以上，果顶圆平，果尖微凹，果皮底色浅绿白，果顶及阳面有玫瑰晕及断续条纹，色泽艳丽，果肉白色，肉质细脆，汁多，味甜，成熟期限 5 月下旬至 6 月初。花粉多，坐果率高，丰产性较好。该品种属早熟大果型品种，耐运输，售价高，具有较高的推广价值。

2. 早香玉（别名北京 27 号）

果实近圆形或长圆形，平均果重 110 克，大果 152 克以上，果顶圆，果尖微凹，果肉白色，肉质细、甜、浓香，品质上等。5 月底至 6 月上旬成熟。该品种坐果率高，适应性广，丰产，稳产，是优良的早熟品种。注意疏花疏果，提早追施壮果肥，促进果实增大。

3. 庆丰（别名北京 26 号）

果实长圆形，基部稍大，平均果重 140 克，最大单果重 200 克，果顶圆，微凹，果皮淡黄绿，有红晕和条纹。果肉乳白色，汁多，味香甜，品质上等，6 月上旬成熟，该品种丰产、稳产性均好。适合于海拔较高地栽培。

4. 农大早艳

果实近圆形，平顶，平均果重 138 克，最大 200 克以上，果皮浅绿黄色，果顶及阳面有紫红色斑点及细点，肉白色，汁多，微香，味香甜较浓，6 月上中旬成熟，坐果率高，丰产，稳产。

5. 雨花露

果实长圆形，平均果重 125 克，果皮底色乳黄，果顶部有淡红色细点，果肉乳白，果肉柔软多汁，味甜且浓，半离核。果实成熟期 6 月上旬。

6. 南京白凤

果实扁圆形，果顶平，平均果重 140 克，大果 160 克以上，果皮底色黄绿，果顶及阳面有红色点状晕及条纹，色泽艳丽，果肉乳白，细嫩，汁多，味浓甜，香味浓，品质上等，易剥皮。6 月底至 7 月上旬成熟。该品种适应性广、丰产、稳产。

7. 大久保

7 月初成熟，果大，平均单果重 200 克，果皮乳白，阳面果顶有红晕，果肉乳白色，近核处玫瑰红色，肉质致密，品质上等。耐贮运，丰产性好。

8. 皮球桃（代号 60 - 4 - 1）

果实椭圆形，平均单果重 160 克，大果 230 克以上，果顶圆，微凸，果顶及阳面有浅玫瑰红晕，果肉白色，硬溶质，纤维少，汁液中等，味纯甜，离核，品质上等，成熟期限 7 月上旬。该品种果大，质硬，耐贮运，是鲜食、加工兼用品种。

9. 京艳（别名北京 24 号）

果实近圆形，单果重 180 克，大果 250 克以上，果皮黄白微绿，阳面有片状及点状红晕，茸毛较多，果皮厚，成熟后易剥离，纤维少，汁多，味甜，有香味，品质上等，成熟期 7 月底至 8 月上旬。

10. 燕红（别名八月桃）

近圆形，稍扁，平均果重 250 克，大果 400 克以上，果表底色浅黄，果面有红晕。果肉乳白色，阳面及四周红色，果肉致密，柔软多汁，核小，味香甜。品质上等，成熟期 8 月初，可延迟到 9 月下旬采收，为优良的晚熟品种。

11. 简阳晚白桃

系上海水蜜桃中选出。果实圆形，单果重 178 克左右。果顶圆、浅凹，缝合线浅。果皮底色绿白至白色，阳面鲜红晕块。果面茸毛较多，中长。果肉白色，近核处果肉红色，肉质较细，柔软多汁，核小，味香甜。品质上等。四川盆地 8 月上旬成熟。

二、油桃类

1. 曙光

果实近圆形，平均单果重 100 克，大果 200 克，果顶平，微凹，梗洼中深广，缝合线浅而明显，两侧对称，果实底色浅黄，果面彩色鲜红至紫红色，全面着红色，有光泽，艳丽美观。果肉黄色硬溶质，汁液中多，风味甜，香气浓，品质优。粘核，大型花，自花能育，果实发育期限 65 天，成都地区 3 月中旬开花，成熟期 5 月底。树势中庸，幼树结果早，各类枝均能结果，丰产。

2. 艳光

果实椭圆形，果顶尖圆，果皮底色白色，果面 80% 以上着玫瑰红色，平均果重 105 克，大果 150 克以上，果肉白色，软溶质，风味甜，品质优。粘核，自花能育，果实发育期 68 天，成都地区 6 月初成熟。

3. 丹墨

果实圆形稍扁，果顶平，缝合线浅，两侧对称。果面全面着红至紫红色，充分成熟时果顶及部分果面着墨红色。果肉黄色，硬溶质，质细，味甜，微酸，粘核。树势较旺，树枝半开张，以中长果枝结果为主，铃形花，丰产。成都地区果实成熟期 6 月初。

4. 早红霞

果实长圆形，平均单果重 96～100 克，果顶圆，缝合线浅，不明显，两侧较对称；果皮底色绿白，果面 80% 以上着鲜红色条斑纹，色泽美观。果肉乳白，皮下少量淡红色。果肉软溶质，质细。风味浓或浓甜，有微香，成都地区 6 月初成熟。树体健壮，树势中等稍旺，长、中果枝结果为主，多复花芽，花蔷薇形，丰产性较好。

5. 秦光

果实圆形，果皮底色乳白色，果面 3/4 以上着红色，平均单果重 133 克，大果 160 克以上，果肉白色，硬溶质，风味浓甜，离核，果实发育期 90 天左右，成都地区 6 月下旬成熟。

6. 早红 2 号

果实圆形，果顶微凹，两半部对称。平均单果重 117 克，大果 220 克。果皮底色橙黄，鲜红色，有光泽。果肉橙黄色，有少量红色素，硬溶质，汁液中等，风味甜酸适中，有芳香，品质较好。离核，生育期 90～95 天，成都地区 6 月底到 7 月初成熟。树势强壮，树枝较直立，枝条粗壮，各类果枝均能结果，花芽起始节位低，且多为复花芽，花粉多。坐果率高，生理落果轻，丰产性好。需冷量 500 小时，在冬季气温较高的地区也表现较好。

7. 瑞光 2 号

果实短椭圆形，平均单果重 130 克，大果重 158 克以上，果顶圆，缝合线浅，两侧较对称，果皮底色黄色，果面 1/2 着紫红或玫瑰红点或晕，果肉黄色，肉质细，硬溶质，味甜，有香气，风味浓，粘核，果实发育期 80 天，成都地区 6 月中旬成熟。

8. 瑞光 3 号

果实短椭圆形，单果重 135 克，果顶圆，缝合线浅，果皮黄白色，果面 1/2 着紫红或玫瑰红色点或晕，果肉白色，肉质为硬溶质，味甜，粘核，果实发育期 81

天。树势强，树姿半开张，复花芽较多，各类果枝均能结果。铃形花，花粉多。

9. 霞光

果实近圆形，底色黄色，果面 2/3 着红晕或玫瑰红色，平均果重 140 克，大果重 180 克以上，果肉黄色，硬溶质，汁液较多，味甜浓，有香气，离核。有花粉，果实发育期 122 天左右。

10. 中油桃 4 号

果实短椭圆形。平均单果重 148 克，最大单果重 206 克。果顶圆，微凹，缝合线中浅。果皮底色黄，全面着鲜红色，难剥离。果肉橘黄色，硬溶质，肉质较细。风味浓甜，香气浓郁，可溶性固性物 14.0% ~ 16.0%，品质优。果实发育期 85 天左右。树势中庸，树姿半开张，各类果枝均能结果。铃形花，花粉多。

11. 中油桃 5 号

果实短椭圆或近圆形。平均单果重 166 克，大者可达 220 克。果顶圆，偶有突尖。缝合线浅，两半部稍不对称。果皮底色绿白，大部分果面或全部着玫瑰红色。果肉白色，硬溶质，肉质致密，耐贮运。风味甜，香气中等，可溶性固性物 11.0% ~ 14.0%，品质优。果实发育期 85 天左右。树势强健，树姿较直立，各类果枝均能结果。铃形花，花粉多。

第二节　建　园

一、园地选择

园地应选择在生态环境良好、远离污染源、周围树种与桃不具有相同的主要病虫害、具有可持续生产能力的农业生产区域。

1. 气候条件

适宜的年平均气温为 12℃ ～ 17℃ ，休眠期≤7.2℃的低温积累 600 小时以上（短低温品种 400 小时以上）；年日照时数≥1000 小时。

2. 土壤条件

土壤质地以排水良好、土层深厚的沙壤为好，pH值 4.5～8.0 可以种植，但以 pH 值 5.5～6.5 微酸性为宜，盐分含量≤1 克/千克，有机质含量最好≥10 克/千克，地下水位在 1.0 米以下。如果地下水位较高的地块，需要采取高畦筑台、深沟排水、降低地下水位方能种植。桃树有忌地现象，不宜连栽，否则生长不良。老桃园树砍伐后宜休闲，种植其他作物 2～3 年后，才能再种桃树，不宜在重茬地建园。

3. 产地环境

（1）环境空气质量　环境空气质量要求见表 4 - 1。

表 4 - 1 无公害桃产地环境空气质量要求

项　　目	浓度限值	
	日平均[a]	1 小时平均[b]
总悬浮颗粒物（标准状态） （毫克/立方米）　≤	0.30	—
二氧化硫（标准状态） （毫克/立方米）　≤	0.25	0.70
氟化物　　　（微克/立方米）　≤	7.0	20

注：a 日平均是指任何一日的平均浓度。

b 1 小时平均是指任何 1 小时的平均浓度。

（2）灌溉水质量 灌溉水质量要求见表 4 - 2。

表 4 - 2 无公害桃产地灌溉水质量要求

项　　目	浓度限值
pH 值	5.5～8.5
总铜（毫克/升）　≤	1.0
总汞（毫克/升）　≤	0.001
总铅（毫克/升）　≤	0.1
总镉（毫克/升）　≤	0.005
总砷（毫克/升）　≤	0.1

（3）土壤环境质量 土壤环境质量要求见表 4 - 3。

表4-3 无公害桃产地土壤环境质量要求

项　目	含量限值		
	pH 值 <6.5	pH 值 6.5 ~ 7.5	pH 值 >7.5
总镉 （毫克/千克） ≤	0.30	0.30	0.60
总汞 （毫克/千克） ≤	0.30	0.50	1.0
总砷 （毫克/千克） ≤	40	30	25
总铅 （毫克/千克） ≤	250	300	350
总铜 （毫克/千克） ≤	150	200	200

二、园地规划

园地规划包括小区划分、道路及排灌系统设置、防护林营造、分级包装车间建设等。原则上应根据具体情况进行安排，以方便栽培管理、运输肥料和农药，便于采果、运果、选果等操作，并保证树体良好生长。

平地及坡度在6度以下的缓坡地，栽植行为南北向。坡度在6~20度的山地、丘陵地，栽植行沿等高线延长。

三、定植

（一）品种和砧木选择

1. 品种选择

桃品种很多，如何根据本地区的实际需要选择品种是建立桃园的关键。根据气候和立地条件，结合品种的类型、成熟期、品质、耐贮运性、抗逆性等制定品种规划方案；同时考虑市场、交通、消费和社会经济等综合因素。桃果多以鲜果供应市场，在品种配置上要考虑按照成熟期不同配备多个优良品种。主栽品种与授粉品种的比例一般为 5~8:1；当主栽品种的花粉不稔时，主栽品种与授粉品种的比例宜提高至 2~4:1。

2. 砧木选择

以毛桃为主，甘孜藏族自治州和阿坝藏族、羌族自治州可选择山桃、甘肃桃、新疆桃砧。在根结线虫发生的地区应选择列玛格砧木。

（二）苗木质量

苗木的基本质量要求见表4-4。

表4-4　苗木质量基本要求

项　目		要　求	
		一年生	芽苗
品种与砧木		纯度≥95%	
根	侧根数量条 毛桃、新疆桃	≥4	≥4
	侧根数量条 山桃、甘肃桃	≥3	≥3
	侧根粗度/厘米	≥0.3	
	侧根长度/厘米	≥15	
	病虫害	无根癌病和根结线虫病	
苗木高度/厘米		≥70	—
苗木嫁接口上5厘米处粗度/厘米		≥0.5	—
茎倾斜度/（度）		≤15	—
枝干病虫害		无介壳虫	
整形带内饱满叶芽数/个		≥5	接芽饱满，愈合良好，未萌芽

（三）栽植

1. 定植时期

秋季落叶后至次年春季桃树萌芽前均可栽植，以秋栽为宜；存在冻害或干旱抽条的地区，宜在春季栽植。

2. 定植密度

栽植密度应根据园地的立地条件（包括气候、土壤和地势等）、品种、整形修剪方式和管理水平等而定，一般株行距为 3 米 ×4 米、4 米 ×5 米；计划密植园株行距为 2 米 ×3 米。

3. 定植方法

定植穴大小宜为 80 厘米 ×80 厘米 ×80 厘米见方，在砂土或紫色土瘠薄地可适当加大、加深。栽植穴或栽植沟内施入的有机肥应符合无公害生产要求，每穴25 ~ 50 千克，并分多层压入。

栽植前，对苗木根系用 1% 硫酸铜溶液浸 5 分钟后再放到 2% 石灰液中浸 2 分钟进行消毒。栽苗时要将根系舒展开，苗干扶正，嫁接口朝迎风方向，边填细土边轻轻震动，上提树苗，踏实根系周围土壤，使根系与土充分密接；栽植深度以土壤下沉后，根颈部与地面相平为宜；种植完毕后，立即灌透水。

第三节　栽培管理

一、土肥水管理
（一）土壤管理
1. 土壤深耕

土壤深翻能增强土壤的通气性和透水保水能力,有利于微生物的活动,促进土壤有机养分的转化。土壤的深翻宜在秋冬进行,深度以 50～60 厘米为宜,沙质土略浅些,黏土宜深些。一般深翻结合施入有机渣肥、绿肥,有助于改善土壤的理化性状。

2. 中耕除草

中耕一般是在大雨后或土壤板结时进行,通过中耕松土,增加土壤透气性,减少水分蒸发,有利于根系的生长活动。

除草要在桃树生长期 6～8 月进行。除草可以减少杂草与桃树争夺养分和水分。除草有人工除草和化学除草两种方式。化学除草常用 10% 草甘膦 800 倍液,每亩150 千克喷洒,可消灭多种一年生杂草,如用 100 倍液,可消灭多种宿根杂草。注意喷药时不可溅到树上。

3. 间作

在幼龄桃树园可利用行间空隙间作其他作物,增加前期收入。桃园间作要选择生长期限短,吸肥力弱,植株矮小,能提高土壤肥力的作物,如豆类、花生、草莓、西瓜、蔬菜等作物,切忌种高秆植物。

(二)施肥

合理施肥是桃树获得高产、稳产和优质的重要措施之一。对桃树的合理施肥,需要了解桃树的营养生理特性:①桃树水平根系发达,且大部分根系集中在 20～40 厘米范围内,吸肥能力强,使表层土壤的养分消耗大,若施肥不足,易影响树势和产量。②桃幼树生长旺盛,对氮比较敏感,氮素过多易引起徒长,不易形成花芽,推迟结果，生理落果严重。而盛果期后树势易衰弱，需增施氮肥，增强树势，提高产量。③钾对桃果实发育有重要影响，桃需钾量大，钾素充足时果大、质优；缺钾时叶片变皱且卷曲，叶脊呈淡红色或紫红色，叶片干裂，落叶早，生理落果严重。④桃喜微酸性土壤，尤其在 pH 值 5~6.5 时生长良好。针对其营养生理性，进行合理施肥。

1. 基肥

桃树从落叶开始至休眠期均可施基肥，以秋施效果最佳。基肥以迟效肥为主，配合氮、磷、钾等速效性肥料使用。施肥位置为树冠边缘位置的下方，既要施在根系的集中区，便于吸收利用，又要施在土壤深处，使根系向下伸展，一般施肥深度 30~50 厘米。施肥方式有环状沟施、放射状沟施、条施等。施肥量早熟品种占全年的 70%~80%，晚熟品种占全年的 60%~70%。

2. 壮果肥

时间在幼果停止脱落、硬核前进行，此次施肥的目的是促进果实膨大和枝条的充实。以速效钾肥为主，早熟品种以施钾肥为主，占全年的 30%，可不施磷肥和氮肥。中晚熟品种钾肥占全年的 40%，氮肥占 20%，磷肥占 25%，树势旺者可不施氮肥。

3. 采果肥

早、中熟品种可在采果后立即施用，晚熟品种在采果前 10~20 天进行，以施速效性氮肥为主，其目的是及时恢复树势，增加树体养分积累。施肥量占全年的 15%~20%。

4．根外追肥

根外追肥又称叶面喷布，见效快能满足桃树对养分的急需和校正某些缺素症。从萌芽至采收，可多次喷0.4％~0.5％的尿素，从生理落果至成熟前结合病虫防治喷0.3％磷酸二氢钾，也可氮、磷、钾混合喷施。在初花期和盛花期喷1~2次0.2％硼酸或硼砂，提高坐果率。

5．施肥量

施肥量要根据树龄、树势、产量、土壤养分状况等多种因素确定。我国资料介绍，成年桃树年施肥量为：氮0.75~1.25千克（相当于尿素1.63~2.72千克）、磷0.35~0.5千克（相当于过磷酸钙2.33~3.33千克），钾0.5~0.75千克（相当于硫酸钾1.0~1.5千克）。氮、磷、钾比例为：北方地区1∶0.5∶1，南方地区1∶0.5∶0.5。脊薄地、生草园、沙土施肥较多，早熟品种施肥量略低，晚熟品种施肥量略高，幼年树为成年树的10％~50％。

（三）灌水

桃树生长期内，在新梢生长期、幼果期、果实膨大期等，需水量均较大。四川盆地内常出现春旱，正值早、中熟品种的果实生长期，因此要注意灌水2~3次。灌水与增施猪粪水结合，效果更好。

二、整形修剪

（一）整形

桃树喜光，干性好，宜采用开心形，根据栽植密度不同，一般采用自然开心形和两大主枝开心形。

1. 自然开心形

自然开心形适合方形和长方形栽植的桃园，是目前最常用的整形方式，其方法如下：桃苗定植后，留40～60厘米高度定干，在剪口下15～20厘米内留生长健壮的3～4个新梢任其生长培养为主枝，其余新梢抹去，5～7月在枝条未木质化前进行拉枝，开张角度，以45～60度为宜。冬季整形，主枝延长枝根据生长情况剪去1/3或1/2，剪口留外芽。在主枝上距基部80～100厘米处选择较强枝作副主枝培养，第三年再视情况培养第二副主枝，第二副主枝与第一副主枝距离50厘米左右，且方向相反。成形后有3个主枝，3～6个副主枝。

2. 两主枝自然开心形

又称"Y"字形，适合宽行（5～6米）栽植的密植桃园或山地桃园，特别适合南方雨水多、光照少的地区。此形的特点是造型容易，主枝之间长势一致，树冠开张，通风透光良好。全树共两大主枝，与中心线呈45度角，每主枝上配置1～2个侧枝，第一侧枝为背后枝，距主干80～100厘米，保持70～80度角，第二侧枝与第一侧枝间隔60厘米，与第一侧枝方向相反，与主枝保持60度角。整形方法有两种，一是将苗木中心干人工拉斜45度。培养成第一主枝，夏季在下方选择方向适合的粗壮夏梢为第二主枝。另一种方法是苗木定干后，在剪口下15～30厘米范围内选择两个错落生、长势均衡、左右伸向行间的新梢培养成主枝，并调整好两主枝间的角度。

（二）修剪

修剪时期分为休眠期修剪和生长期修剪。

1. 休眠期修剪

在落叶后至萌芽前进行，主要有短切修剪和疏删修剪两种方式。

（1）短切修剪 长枝进行短截，促使剪口下芽的抽发。结果枝短切能提高坐果率。对靠近骨干枝的新梢进行重短切，促使发生新梢进行重短切，促使发生新梢，常用更新枝培养。

（2）疏删修剪 对密生枝、弱枝等从基部剪除，使留下的枝条分布均匀。幼旺树的长枝进行疏删，让其在结果的同时，抽生外果枝，缓和树势。

2. 生长期修剪又称夏季修剪

主要修剪时期和方法有：

（1）复剪和抹芽 在萌芽后到新梢生长初期，主要抹掉剪口下的竞争芽或新梢，内膛的徒长枝、弱枝、病虫枝。

（2）摘心和扭梢 在新梢迅速生长期，对直立生长的徒长枝和其他部位生长的旺枝、主枝附近的竞争枝进行摘心或扭梢。摘心是在新梢 10～30 厘米时进行，摘心后当年能抽生较弱的枝条形成结果枝，对生长旺的长枝扭转 90～120 度，使枝条生长充实，促进花芽分化。

（3）剪梢和拉枝 在大部分枝条已停止生长的 5 月进行，对徒长枝基部抽生的 1～2 个二次梢，剪去上部，主枝延长枝上的强梢剪至外侧二次梢上，控制上部生长势。对过密枝疏剪，改善通风透光条件。拉枝在 6～7

月进行，用于幼树的开张角度，缓和长旺枝的生长势。

（三）不同树龄的整形修剪

1. 幼龄树的整形修剪

主要任务是整形，尽快扩大树冠，缓和树势，迅速形成各类结果枝。促进早结果、早丰产。修剪上掌握"因树作形，先乱后理，轻剪长放，扩大树冠"的原则。以长放轻剪为主，结合调整骨干枝的角度，均衡修剪，适当多留辅养枝和结果枝，对不影响骨干枝生长的大枝，疏去强枝后，轻剪长放，暂时用来结果。

2. 成年树的修剪

掌握"大枝少而精，从属分明，长放加短截，延缓寿命多结果"的原则。修剪应随着结果量的增加而逐年加重，骨干枝及时回缩更新，避免下部枝条枯死。结果枝组以缩为主，缩疏相结合，一般长果枝留 10 ~ 20 厘米，中短果枝 10 厘米左右进行短切。预备枝因树势强弱进行选留，旺树少留，树冠外围少留，下部多留。

3. 衰老树的修剪

桃树进入衰老期后下部空虚，中短果枝大量干枯，产量下降，品质差。修剪的任务是重剪回缩，更新骨干枝，一般在骨干枝 3 ~ 6 年生部位缩剪，有分枝部位且内膛有徒长枝的可回缩到分枝或徒长枝部位。用外围的徒长枝，逐步培养成骨干枝，重新扩大树冠，对树冠内部发生的徒长枝，不要轻易剪去，尽量用来填补空缺部位。

桃树更新如结合根部土壤改良和肥水管理，效果更好。

三、花果管理

1. 疏花、疏果

桃多数品种着果率高，结果过多会导致树势衰、老、弱，果小，品质差，抑制营养枝的生长，形成大小年结果。因此，要通过疏花疏果的方法，保持合理的结果量来维持树势，提高果实品质和产量，达到优质高产的目的。

疏花包括疏蕾，主要疏除过密、弱小的花蕾和早花、迟花、畸形花、朝天花、无叶花等。

疏果时间在4月底到5月初。着果率高的品种、成年树、弱树宜早疏果，生理落果严重的品种、幼旺树应晚疏果。疏果一般分两次进行，第一次留果量比计划数多一倍，第二次疏果结合套袋进行。桃树的留果量应视树冠大小、树势强弱、果实大小和叶量枝数而定。按照叶果比留果，一般早、中、晚熟品种分别为20∶1、25∶1、30∶1。按结果枝定果，一般特长果枝留3个、长果枝留2个，中果枝留1个，短果枝留1个。

2. 套袋

目的是减少病虫对果实的危害，防止农药污染，改善果面色泽，提高优质果率。套袋时间应在二次生理落果后，桃小食心虫、桃蛀螟等害虫产卵前完成。成都地区一般在4月底至5月上旬。果袋可自制，但为了生产无污染的优质果品，最好使用商品果袋。

四、主要病虫害防治

（一）主要病害

1. 桃缩叶病

桃缩叶病主要损害叶片，也可危及嫩枝和幼果。

症状：春季嫩叶即被害，病叶一部分或全部皱缩扭曲，病叶肥大，质脆，最后干枯脱落。幼果被害，呈现褐色、畸形、果面龟裂，易早期脱落。

防治方法：①桃芽开始膨大到露红期喷波美 4 ~ 5 度石硫合剂。②萌芽期喷 50% 退菌特 600 ~ 800 倍液。

2. 桃褐病

桃褐病又称菌核病。主要侵害果实，也危及果梗、新梢和叶片。果实发育期均能感病，越接近成熟发病越多。发病时病斑褐色圆形，如遇阴雨，病果腐烂脱落，遇干旱，水分蒸发而干缩成僵果，久悬于树上。花受害发生褐色水状斑点后枯萎，枝梢发病形成溃病斑，并常发生流胶。

防治方法：①清园。冬季结合修剪彻底清除僵果、病枝等病源。生长期剪除枯枝，摘除病果，防止再侵染。②药剂防治。开花前喷洒波美 5 度石硫合剂 + 0.3% 五氯酚钠或 45% 晶体石硫合剂 30 倍液，铲除枝梢上的越冬产源。落花半个月，喷 70% 代森锰锌可湿性粉剂 500 倍液或 80% 炭疽福美可湿性粉剂 800 倍液。间隔 10 ~ 15 天喷一次。共 2 ~ 3 次。③及时套袋。

3. 桃树流胶病

桃树流胶病主要危害主干和主枝，受害初期，病部肿胀,早春树液开始流动时,从病部流出半透明黄色树胶,尤其雨后严重。流出的树胶与空气接触后变为红褐色,呈胶冻状,干燥后变为茶褐色坚硬胶块。流胶过多会导致树势衰弱,叶片黄化,甚至枯死。

防治办法:①加强果园管理,增施有机肥,增强树势,低洼地注意排水。②及时防治枝干害虫,在作业上尽量不造成伤口。③在早春发芽前将流胶部位病组织刮除,伤口涂 45% 晶体石硫合剂 30 倍液,或涂抹抗生素"402" 1000 倍液。4 月下旬至 6 月下旬,每隔半月向树上喷布 50% 多菌灵 800 倍液,共 4~5 次。

4. 桃炭疽病

桃炭疽病主要危害果实,也侵染新梢、叶片。幼果染病,果面初呈淡褐色水渍状病斑,随果实膨大,病斑也随之扩大,变为红褐色圆形或椭圆形凹陷斑,并有明显同心环状皱纹,并产生橘红色黏质物,病果软腐脱落。

防治方法:①结合冬季修剪彻底清除果园残枝、落叶、僵果、地面落果。②药剂防治。早春桃芽萌动前喷一次 45% 晶体石硫合剂 30 倍液,加 0.3% 五氯酚钠。落花后喷 80% 炭疽福美可湿剂 800 倍液、75% 百菌清可湿剂 800 倍液、70% 甲基托布津 800 倍液,隔 10 天左右喷1 次,连续 2~3 次。

(二) 主要虫害

1. 桃蛀螟

桃蛀螟俗名蛀心虫。1 年发生 4~5 代,老熟幼虫在树皮裂缝和其他作物残体上越冬,1~2 代主要侵害桃果，成虫多在夜间活动，卵多产于两果或果叶连接处，卵经过 6~8 天孵化，幼虫从果肩部或两果连接处蛀入果内，食害嫩仁、果肉。在被害果内外排积粪便，常造成果实腐烂、早落。1 个果内常有数条幼虫，部分幼虫可转果侵染。

防治方法：①果实套袋，在成虫产卵前的 4 月底至 5 月初进行。套袋前喷一次杀虫剂。②5 月上旬产卵期喷 1~2 次 50% 杀螟松乳油 800 倍液或 2.5% 敌杀死乳油 3000 倍液。

2. 桃小食心虫

桃小食心虫危害桃、苹果、梨、李、杏等树种的果实。一年发生 2~3 代，老熟幼虫在土中结冬茧越冬。4 月下旬越冬幼虫出土化蛹，半月左右成虫羽化，产卵。成虫产卵于果实的凹陷处，幼虫孵化后，进入果实纵横蛀食，排粪于蛀道中，被害果实果肉形成空洞，俗称"洗沙桃"。

防治方法：①越冬幼虫出土盛期，在树冠下覆盖地膜，防止成虫出土，或用 50% 辛硫磷乳油 0.5 千克，拌细土 50 千克，撒在树盘内，耙入土中 1 厘米。②树上喷药。成虫产卵期，卵果率达 1%~2% 时，喷 10% 天王星乳油 6000 倍液或 30% 桃小灵乳油 2000 倍液，20% 灭扫利乳油 3000 倍液。③果实套袋。

3. 桃桑白介壳虫

桃桑白介壳虫又称桑盾蚧。损害桃、李、杏、苹果、梨等多树种的枝干。一年发生 2~3 代，以受精雌虫在枝条上越冬，桃萌动时开始吸食，虫体迅速膨大，

4月中旬开始产卵，5月初为盛期，5月上旬开始孵化。初期若虫分散到2~5年生枝上固定取食，以分叉处和阴面较多，1周左右开始分泌棉毛状蜡丝，渐形成介壳。

防治方法：①休眠期用硬毛刷或钢丝刷刷掉枝条上的越冬雌虫，剪除受害严重的枝条，并喷洒5%的蚧螨灵或波美5度石硫合剂。②药剂防治：若虫分散转移期喷40%速扑杀乳油800倍液或20%灭扫利乳油4000倍液。

4. 桃潜叶蛾

桃潜叶蛾一年发生7~8代，蛹在被害叶上的茧内越冬，翌年4月桃展叶后成虫羽化产卵，卵散生在叶表皮内，幼虫蛀入叶肉，一边食叶肉一边前进，所通过的虫道变黑，并枯死脱落成孔洞。幼虫老熟后钻出叶肉，多于叶背吐丝搭架结茧或吐白丝并借助白丝向周围转移。严重时一片叶上有多条幼虫，常造成早期落叶。

防治方法：①越冬成虫羽化前清除落叶杂草，集中处理。②药剂防治。在成虫盛发期用20%灭扫利4000倍液，或灭幼脲3号1000倍液防治。